解读版式设计的 全能 黄金法则

LAYOUT DESIGN

富正一 张濛濛 / 主编

董 健 杨 娜 / 编著

中国青年出版社

CONTENTS
目录

CHAPTER 1

版式设计的原理

1 这样的版式看上去舒服吗 before   6

   通过版式设计原理来个大变身 after

2 设计师的版式设计原理小贴士   7

3 版式设计的原理讲解实例   8

   | 不要盲目，而要明确版式设计的流程   8

   | 根据主题来进行版式设计   8

   | 根据题材和媒体来选择合适的尺寸和材质   10

   | 如何选择页面的颜色   11

   | 网格的特点和应用   13

   | 根据版面率来调整版式   18

   | 根据图版率来调整版式   20

   | 版式设计的视觉流程是个很重要的步骤   22

   | 注意画面的留白   25

   | 耐心调整每一个区域的边界   26

   | 调整版式元素中的位置和距离   26

   | 灵活运用视觉心理   27

   | 注重版式设计页面之间的统一性和协调性   29

4 注重版式设计原理的优秀案例赏析   30

CHAPTER 2

版式设计中的图片编排

1 这样的版式看上去舒服吗 before   35

   通过版式设计原理来个大变身 after

2 设计师的图片编排小贴士   36

3 版式设计的图片编排讲解   37

   | 先将版式设计的图片分类   37

   | 根据内容来调整图片的顺序和位置   41

   | 图片不同外形的使用方法   43

   | 重视图片的剪裁   45

   | 图片编排同样注重视觉流程   46

   | 注意图片之间的统一性和协调性   47

   | 图片与文字的合适编排   48

   | 图片本身的类型与使用注意   50

4 图表和图解的编排讲解   51

   | 根据主题选择适当的图表形式   51

   | 注意图表的信息传达是否得当   53

   | 注意图表的设计   53

   | 图表和图解的大小与位置编排   55

5 注重图片编排原理的优秀案例   57

6 优秀的招贴设计案例分析   58

7 优秀的展览设计案例分析   59

8 优秀的杂志设计案例分析   60

9 优秀的包装设计案例分析   61

CHAPTER 3

版式设计中的文字编排

1 这样的版式看上去舒服吗 before   63

    通过版式设计原理来个大变身 after

2 设计师的文字编排小贴士   64

3 版式设计的文字编排讲解   65

    | 字体的基本解析   65

    | 红透半边天的无衬线字体   67

    | 不同字体对版式风格的影响   68

    | 根据内容与主题选择合适的字体   69

    | 字号、字距与行距的设置   70

    | 注意字体的易读性   71

    | 段落与栏宽的统一性   72

    | 把握中文与英文的区别   73

    | 让读者在阅读时可以舒适地呼吸   74

    | 发挥想象力进行字体大变身   75

4 注重文字编排原理的优秀案例   76

5 优秀的名片设计案例分析   78

6 优秀的折页设计案例分析   79

7 优秀的包装设计案例分析   80

8 优秀的书籍设计案例分析   81

CHAPTER 4

版式设计的色彩运用

1 这样的色彩运用看上去舒服吗 before   83

    通过版式设计色彩原理来个大变身 after

2 设计师的版式设计色彩运用小贴士   84

3 版式设计的色彩运用讲解   85

    | 色彩基础小知识   85

    | 版式设计的色彩系统   90

    | 让人感觉舒适的版式色彩运用原理   91

    | 让人感觉刺激的版式色彩运用原理   92

    | 培养版式设计色感的小诀窍   93

    | 选择合适的色彩更重要   94

4 优秀的版式设计色彩运用案例分析   95

CHAPTER 5

新媒体的版式设计

1 PPT 的版式设计   98

  | 这样的 PPT 版式设计看上去舒服吗 before   98

通过版式设计原理来个 PPT 设计大变身 after

  | 设计师的 PPT 设计原理小贴士   99

  | 优秀的 PPT 设计案例分析   100

2 网页的版式设计   102

  | 这样的网页版式设计看上去舒服吗 before   102

通过版式设计原理来个网页设计大变身 after

  | 设计师的网页版式设计小贴士   103

  | 优秀的网页设计案例分析   104

3 UI 界面设计   106

  | 这样的 UI 界面设计看上去舒服吗 before   106

通过版式设计原理来个 UI 界面设计大变身 after

  | 设计师的 UI 界面设计小贴士   107

  | 优秀的 UI 界面设计案例分析   108

4 APP 图标设计   110

  | 这样的 APP 图标设计看上去舒服吗 before   110

通过版式设计原理来个 APP 图标设计大变身 after

  | 设计师的 APP 图标设计小贴士   111

  | 优秀的 APP 图标设计案例分析   112

5 游戏界面的设计   114

  | 这样的游戏界面设计看上去舒服吗 before   114

通过版式设计原理来个游戏界面设计大变身 after

  | 设计师的游戏界面设计小贴士   115

  | 优秀的游戏界面设计案例分析   116

6 漫画的版式设计   119

  | 漫画师的漫画版式设计原理小贴士   119

  | 漫画版式设计的原理讲解   120

  | 优秀漫画版式设计欣赏   126

CHAPTER 1

版式设计的原理

1 这样的版式看上去舒服吗 before

通过版式设计原理来个大变身 after

2 设计师的版式设计原理小贴士

3 版式设计的原理讲解实例

4 注重版式设计原理的优秀案例赏析

CHAPTER 1　版式设计的原理

1 这样的版式看上去舒服吗 before

（1）此案例为杂志内页的版式设计，主题性比较强，所以设计者选用了与其主题相关的图片，但是图片之间的元素摆放相互冲突，重点不够突出。

（2）在版式的颜色选用上，以及大面积的对比色上加入了不够突出的同类色对比色，从图片的颜色到标题与内文的文字颜色，给人层次不够分明的感受。

（3）在整体的图文编排上，虽然对开页采用了居中式构图，但是图片的形状大小不一，混在一起会让人的视线无法集中，并且在字体的选用上太过草率，以致影响读者阅读效率。

通过版式设计原理来个大变身 after

（1）更改后的页面与原图相比，图片摆放更加主次分明。右侧大图给人震撼感，整体上层次感更加强烈，主体更加突出。

（2）在颜色选用上，图片中的底色为铺色，符合主题。对比色选用适当，并且用小的色块和线条作为版式中的点缀，使图文比例更加恰当。

（3）在整体的图文编排上，左边页面规整，右边图片流畅。字体选用更具有中国韵味的字体，并且对标题、内文及说明都做了很好的分类，提高了读者阅读速度与视觉舒适度。

2 设计师的版式设计原理小贴士

设计师邱女士对于版式设计理论的理解和建议：

问：邱女士，请问您是如何理解板式设计原理的？

邱：版式设计涉及的内容比较广泛，涉猎的方面也比较多，我个人觉得只要是关于图片、文字等的相关编排都可以算作版式设计。在日常生活和工作中，我们能看到很多板式设计作品，如何利用板式设计原理更好地摆放图片和文字值得思索。既要保证看上去舒适、美观，又要符合宣传内容的主题，还不能影响读者的阅读体验，要让读者在接收信息的同时感受到美的享受。这里有一些需要注意的地方：

1. 对齐非常重要。在设计中利用辅助线对图文进行全面的对齐，使板式更加规整，使画面看上去更加有规律，也更加舒服。

2. 在图片与文字的设计中注意要互相对比，因为在版式中没有多余的元素，每一个部分都是整体中的一个部分，不是孤立存在，而是统一和谐的整体，所以要注意对比关系。

3. 接下来要注意的是节奏，不管是图和图之间，字和字之间，段和段之间，图和文章之间，都是构成整个版式设计的重要组成部分，一定要注意相互之间的节奏，要充满韵律，充满层次。

4. 再就是要注意恰当，这个恰当是指颜色、形状、构成等的比例和大小及面积，该大的地方就要放大，该突出的地方就要突出……这需要设计师长期实践。

问：那是不是只要掌握了版式设计的原理，就一定可以设计出好的版式设计呢？

邱：不一定，版式设计的原理只是基础，掌握了其原理还要根据具体的要求进行设计。主题不同，客户不同，每一个参与到设计中的甲方和乙方都会有不同意见，最后要根据客户的实际需求及设计师出于专业的考虑，最后设计出符合要求的版式设计。在这里需要注意设计并不是设计师的闭门造车，也不是客户的无理要求，设计的最终指向是追求一定的经济效益。广告是为了更好出售产品，海报是为了更准确地传达信息，所以需要双方不断磨合，不断实践，最终设计出更符合市场要求的作品。双方一定要在相互尊重和理解的基础上，从多个角度考虑问题。

3 版式设计的原理讲解实例

不要盲目，而要明确版式设计的流程

版式设计有其基本的流程，这个流程存在于所有设计之前以及设计过程之中，其主要过程如下：

01 设计构思　02 前期研讨　03 制定方案　04 明确任务　05 设计初稿

10 制作印刷　09 确定终版　08 再次沟通　07 设计修改　06 初稿沟通

根据主题来进行版式设计

在版式设计中，不同的主题具有不同的设计倾向，每一种设计最好都符合其主题。这里可以按照一定的行业分类去整理和设计。如可将行业分为能源业、餐饮业、服务业、房地产业、服装业、公益组织、高科技业、建筑业、教育业、美容业、出版业、零售业、农业、旅游业、体育业、学术业、演艺业、医疗业、金融业、音乐业、舞蹈业、运输业、政府机关、制造业、游戏业、互联网等。每一个行业都有行业自身的属性与特点，在进行相关版式设计的过程中，最好符合其行业属性，以免设计出不合适、不恰当、不和谐的设计元素。

● 此案例是艺术节的海报，画面十分具有冲击力。设计者利用独特造型与散点式的文字，选用红色和黑色，使海报极具视觉冲击性

此案例是一本体育报道类杂志内页。这类画面在设计上应具有冲击力，设计者在突出主体球星外，在编排上灵活运用异型表格和线条引导观者视线，不仅很好地传达出与人物相关的信息与数据，同时通过红白色的强烈对比，表现出运动的活力，整体简洁大方，时尚感强

此案例是科技类的防灾手册封面。设计者以大面积黄色为底色，配合黑色的字体，黄色系和黑色的搭配近年来经常用于和科技工业相关的行业，二者搭配不仅不突兀，活泼的黄色和稳重的黑色还给人科技感

此案例是汽车业的产品视觉设计，整体画面协调性强，设计者运用蓝色加灰白色配比，既突出汽车行业的科技前瞻性，又突出其高品质感，整体视觉设计稳重大气，给人浓浓的科技感与厚重感

此案例是建筑业装饰材料的系列宣传海报，画面整体以大地色系为主，与本身行业特质的颜色十分接近，让人看上去就会贴近宣传的本体信息，整体色调高雅、厚重，给人牢固的可靠感觉

此案例是餐饮业的宣传海报。设计者通过生动的视觉符号直观地传递了其主营菜品的特点，整体画面采用黄金分割构图，增强了画面的艺术性，以低饱和的色调为主，配以点睛的红色作为搭配，暗示出餐厅环境的优雅性与私密性

此案例是酒店服务业的视觉设计。设计者在颜色选用上别具一格，采用蓝色系搭配金色系，整体给人一种温馨如家的感觉，整体的设计统一性十分出色

根据题材和媒体来选择合适的尺寸和材质

现代社会是互联网技术爆炸的时代，人们的生活和工作早已与互联网紧密连接，很多时候，整个时代的进步是由互联网技术的进步推动的。互联网媒介多为智能手持设备和电脑。在互联网时代，新媒体与传统纸媒在很多方面有所不同，如传统纸媒受尺寸和材质的影响较大，局限也较大。而互联网新媒体在这个方面的局限就要小得多。设计者做这类设计时，从尺寸上看要做出适合电脑屏幕和智能手持设备的色值和分辨率，在颜色设置上要区别于纸媒印刷的 CMKY 四色油墨，而要选用 RGB 的相关色值。纸媒的尺寸和新媒体的分辨率汇总如右所示：

常见纸媒尺寸

海报	常见大海报尺寸	570mm×840mm
	常见小海报尺寸	420mm×570mm
单页，DM 单页	常见大尺寸	420mm×285mm
	常见小尺寸	210mm×285mm
展架	常见大展架尺寸	800mm×1800mm，800mm×2000mm
	常见小展架尺寸	600mm×160mm，600mm×1800mm
折页	常见二折页尺寸	210mm×285mm，420mm×285mm
	常见三折页尺寸	315mm×285mm，630mm×285mm
	常见四折页尺寸	420mm×285mm，840mm×285mm
名片	常见尺寸	90mm×54mm，90mm×50mm，90mm×45mm

常见新媒体分辨率

电脑分辨率	传统	16：10	1440×900
		16：10	1680×1050
		16：10	1920×1200
		16：10	2560×160
	主流	16：9	1366×768
		16：9	1920×1080
手机分辨率	安卓系统	720P	1280×768
		1080P	1920×1080
		2k	2560×1440
	苹果系统	16：9	640×1136
		1080k	1920×1080
		ipad	2048×1539

如何选择页面的颜色

前文已经提到过板式的设计与各行业的性质属性有关，接下来介绍几点影响页面颜色的因素。

年龄：面向孩子的颜色设计大多应选鲜艳、跳跃、纯度高的颜色，这会促进小孩脑部思维的发展提高其认知能力；而成年人的颜色大多选用单一颜色或者加入近年来流行的高级灰（指各种颜色的灰），这些颜色会给人稳重、平和之感，鲜艳的颜色反而会给这个年龄阶段的人浮躁感。而老人应选纯度和饱和度更低一些的颜色，整体以暗色调为主。

性别：与男士相关的设计颜色应选用深色、冷色，以体现男性的阳刚、坚毅与沉稳，如蓝色系颜色特别适用于与男士相关的产品设计上；女式相关设计颜色宜选用浅色、暖色，以体现出女性独有的温柔、优雅和气质，如红色系颜色特别适合应用于与女士相关的产品上。

行业属性：由于各行各业涉及的受众不同，一些颜色倾向可以代表不同的行业属性。如蓝色系颜色适用于科技行业、航天航空行业、医药行业等，蓝色会给人稳重感；如白色适合医疗机构，服务行业等，白色可给人干净、纯白、通透的感觉；绿色系颜色适合环保业等，绿色会给人舒适的感觉；黄色系颜色适合餐饮业，因为黄色系颜色的组合搭配会刺激人的食欲，使就餐者的就餐环境更加别致……行业属性决定了这个行业具有相对应的颜色倾向，正确使用颜色会使企业的信息传达更加精准。

● 此案例是儿童产品，设计采用插画的形式，中心构图，接近孩子的心理状态，通过版式设计拉近产品与孩子之间的距离

● 此案例是专门针对老年人的保健品的版式设计，以咖啡色和大地色为主色，构图上中规中矩，符合老年人稳重的心理

● 此案例是偏向男性用户的产品视觉设计，版式设计上以图形为主，增加图版率的使用，这样可以抓住男性消费者的眼球，同时用黑白色，产生强烈对比，牢牢抓住男性的眼球

● 此案例是时尚业的版式设计。因为时尚业多以女性消费群体为主，所以该设计不管在图片的选用还是颜色的应用上多以女性视觉特点为主，配以粉色系的大号文字叠加在整体画面上，为整个页面增添了动感与活力

● 此案例是偏向女性的视觉设计。颜色选用上清新、淡雅，以粉色系和绿色系的搭配组合为主，让人一眼望去就知道其主打的卖点，构图也多以中心构图为主，象征女性平和、稳定的心理特点

● 此案例从第一眼看到就知道代表的是哪一个国家，因为国家本身视觉具有独特倾向性，所以很多视觉设计可以采用其明显的视觉符号特征，在保持简洁画面的同时，通过红白对比增加视觉冲击力，同时带有文化输出的强烈倾向

网格的特点和应用

网格是版式设计中重要的组成元素，在版式设计中可以将版面分成若干个一定比例的长方形或者正方形。通过规律性的摆放或者将近似的组图排放呈现，它们可以作为独立的个体，也可以最为组合，通过不同位置的摆放、组合、构建，分割，将版面划分为带有一定节奏感和韵律感的，可以相互影响的部分，最终得到视觉效果不同的版式设计。

从设计师角度来看，网格可以为设计师在设计时提供明确直接的设计思路，可以为设计师搭建一个全面的设计框架，让版式设计中的各个元素在设计师的手中灵活的应用起来；从读者的角度来看，在网格基础上设计的版式符合视觉流程，看上去美观、大方。综合不同角度来看，网格可使版面更加具有规律和秩序，整体大局组合协调，同时在细节上富有变化，整个版面在准确传递信息的同时还保持了美观。

● 右图为左图日式风格杂志的图片和文字的网格分布示意图

 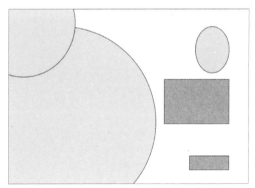

● 右图为左图珠宝广告的图片和文字的网格分布示意图

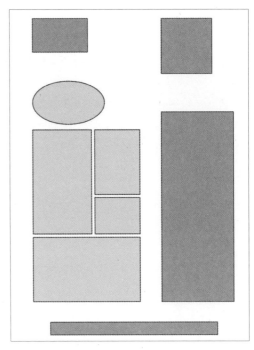

● 右图为左图活动海报的图片和文字的网格分布示意图

由于自身特点，网格可以分为对称式网格和非对称式网格：

1. 对称式网格：指在跨页中，左右页面具有相同或者对称的边距和分栏，其优点是平衡、整齐、严谨，具有和谐的视觉特性；而缺点则是略显单一。对称式网格是大部分版式页面中最常见，使用频率最高的一种。

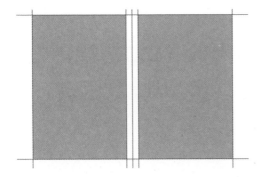

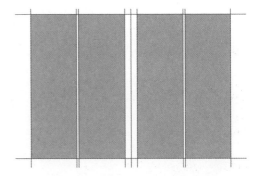

（1）单栏对称式网格：版式设计中的"栏"指的就是文字部分的总体面积，每个整体部分被称为"栏"，单栏对称式网格就是在页面中只有一个文字栏的页面。特点是便于阅读，缺点是略显枯燥乏味。

（2）双栏对称式网格：双栏对称式网格指的是版面单面具有两个单栏，栏和栏之间只有一个分栏，如上图。这种网格形式是最常用的一种网格形式，特点是中规中矩，缺点是形式较为单一。

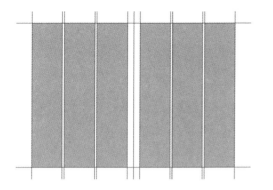

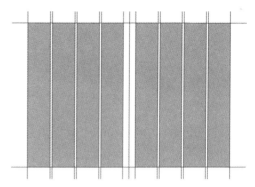

（3）三栏对称式网格：三栏对称式网格指的是版面单面具有三个单栏，栏和栏之间有两个分栏，如上图。这种网格形式的特点是文字栏相对较窄，整体排版比较密集。

（4）多栏对称式网格：多栏对称式网格指的是版面单面具有多个单栏，栏和栏之间有多个分栏，如上图。这种网格形式的特点是文字栏更加细长，整体排版更加复杂。

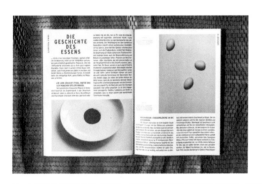

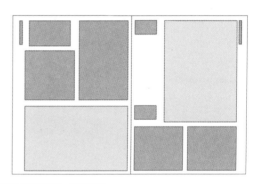

● 右图为左图的网格示意图，如右图杂志的双栏对称式网格，这种排版方式排列均衡，适用性广。

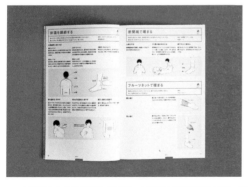

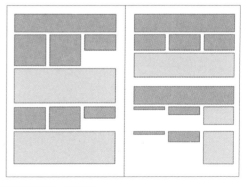

● 左图是杂志的三栏对称式网格，右图是左图的网格示意图，这种排版方式排列细致，细节明显

2.非对称式网格：指在整个页面的跨页中，左右页面具有不同或者不对称的边距和分栏，有时候也会有倾斜或者异型的分栏，其优点是具有活力、动感，打破常规的视觉效果；而缺点是由于打破画面的平衡感，并不适合反复出现，可以作为点睛之笔出现在版式设计中。

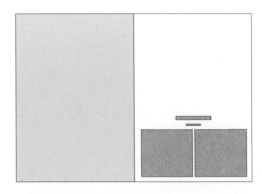

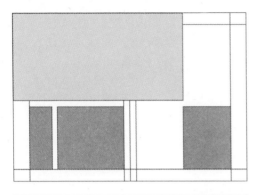

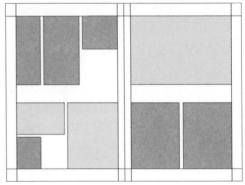

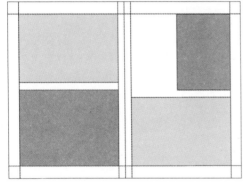

（2）多栏非对称式网格：多栏非对称式网格包括双栏非对称式网格、三栏非对称式网格、多栏非对称式网格，相较于多栏对称式网格而言，其排版更为灵活自由，变丰富化，也是很多书籍较为常用的网格形式，可以做出更多形式的设计变化，如下图。

（1）单栏非对称式网格：单栏非对称式网格相对于单栏对称式网格而言，排版比较灵活自由，形式变化多样，如上图。

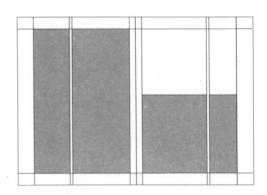

 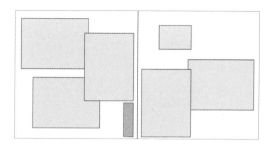

● 此案例是以图片为主的图文非对称式网格，这种排版方式利用不同位置的图片大小和摆放给人错落新颖的视觉角度

 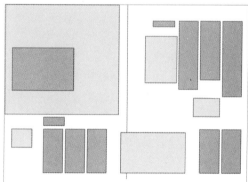

● 此案例是男性杂志的图文非对称式网格，这种板式采用三栏和双栏混合非对称式构图，画面具有视觉冲击

 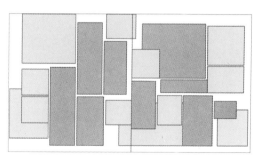

● 此案例是杂志的非对称式网格，这种版式采用的是混合的非对称式网格，用图文相互叠加的形式对画面进行了全新的解构

根据版面率来调整版式

简单来说版式设计的版面率，就是指版面占整个页面的面积大小。版面率越大，图文编排的面积就越大，相应所包含的信息越多，相反版面率越小，图文编排的面积就越小，相应所包含的信息就更少。而版面率不同，面积不同，给人的感受就不同，最好在设计的时候先规划好每一个页面，包括对开页的版面率，结合不同的主题和内容调整内在元素的大小与位置，有效地利用页面，便于读者查找信息使画面更具美感。

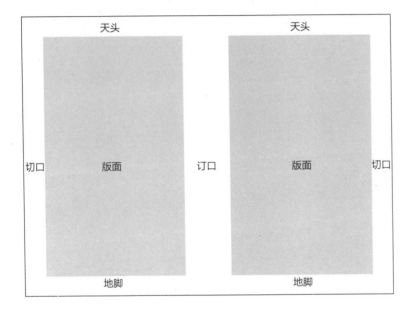

● 此图是版面率较大的跨页页面展示图，整体给人对称、和谐的舒适感觉，整体端庄稳重，适合常规主题的页面设计

● 此案例是版面率较小的跨页页面，整体和谐、舒适，配合饱和度较高的颜色，可以在设计上给人耳目一新的感觉

● 此案例是版面率较适中
的跨页版面，整体给人
端庄、踏实、稳重的感
觉。可以突出内容的重
点，整体设计大气和谐

● 此案例是版面率较大的
跨页页面，可以最大限
度地突出图片的艺术效
果，对图片的质量要求
比较高，再配合对比强
烈的颜色，可以突出图
片的视觉效果

根据图版率来调整版式

简单来说，版式设计的图版率就是指图片占版面的面积大小。如果版面中没有图片，那么这个版式的图版率就是 0；反之，如果整个版面都是图片，不管是一整张跨页图片还是无缝拼合在一起的很多图片，图版率都是 100%。

在版面率确定的基础上，要开始设计具体的版式设计时，就要涉及图片、表格及文字之间的编排。

很多时候，在设计过程中不能仅仅从设计者的角度出发，更要从读者的角度出发，合理安排画面元素，合理设计图片的大小以及位置。因为图版率的不同会给读者带去不同的感受，因此图版率要大小得当，利用图片彼此之间的对比和呼应给读者带去舒适的视觉体验。

- 此案例为图版率为 0 的版式设计，页面大多以文字和数据为主，以明亮的配色或者大小的对比来突出信息

- 此案例为图版率小于 50% 的版式设计在图片的选用上应该注意选择更具吸引力的图片，同时配以符合主题的色彩，并加入一些特别形状作为装饰，这样可以使页面更为活泼

● 此案例为图版率大于50%的版式设计，这样的页面以文字作为辅助，更多展示的是图片本身所传达的信息，这样的版式设计可以利用图片的特点直击读者的眼球

● 此案例为图版率是100%的版式设计，这需要图的质量足够高，给读者带去视觉冲击。100%的图版率设计大多是跨页的图片，需要注意的是尽量别让面部等关键部位出现在画面正中间

版式设计的视觉流程是个很重要的步骤

版式设计的视觉流程是指从看到页面中时第一眼所着眼的画面到离开页面最后一眼所着眼的画面，这中间视觉所经历的视线轨迹。出色的视觉流程不仅给人好的视觉享受，同时也可提高阅读的效率。一般来讲，视觉流程分为以下几个方面。

单向型视觉流程：单向型视觉流程简单明了，是一种最简单的视觉流程。它可以分为稳定画面的横线型视觉流程，简洁有力的竖线型视觉流程和具有强烈冲击力的斜线型视觉流程。

● 此案例为横线型视觉流程，画面的特点是保持了足够的稳定性，平衡感很强

● 此案例为竖线型视觉流程，画面的特点是从上至下给人又高又直的视觉感受，简洁干净

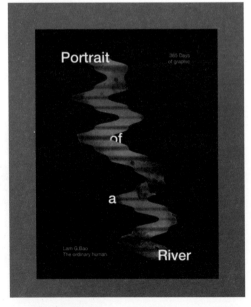

● 此案例为斜线型视觉流程，画面的特点是可以通过倾斜的元素指引读者的视线

重心型视觉流程：在一个版面中，能够让读者视线停留最久的那个画面就是这个版面的重心，是所有视线集中的地方。根据实际情况不同，重心的位置也不相同。重心位置的不同，给读者的视觉感受也不同，因此要根据具体内容，来决定将重心放置在画面的哪个部分。

反复型视觉流程相比其他视觉流程：反复型视觉流程更加具有节奏感和韵律感。它利用画面中的重复性元素或者相似性元素，使画面具有一定的连续性和整齐感。适当利用画面元素来进行这种视觉流程，不仅不会给人杂乱的感觉，还会给画面增添趣味性。

● 此案例为重心型视觉流程，画面的特点是通过颜色和图形的搭配将人的视线牢牢锁定在画面的重心部分，这种视觉流程多以居中构图为主，画面显得庄重大气

● 此案例为反复型视觉流程，其特点是通过画面中不断重复的同一类视觉元素相互重叠、组合，形成新的视觉元素，画面显得趣味盎然

导向型视觉流程：导向型视觉流程和单向型视觉流程有相同之处，又有很多不同的地方。在这种视觉流程中会增加一些更加具有导向性的视觉符号，更直接地引导读者的视线，让人通过画面中的视觉指引元素快速注意到画面的重点信息。

散点型视觉流程：散点型视觉流程是近年来比较流行的一种视觉流程，它的原则是将整体拆解成一个个的元素，重新排列组合形成一种新颖的视觉效果，让人可以从一种细微的碎片化的画面中产生一种独特的美感。

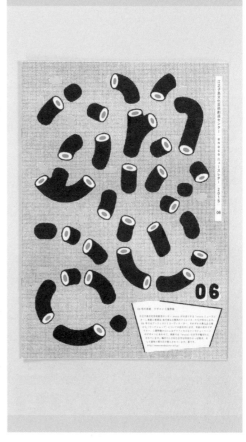

● 此案例为导向型视觉流程，画面中具有指引方向的线条将读者的视线牵引至画面的重点信息处

● 此案例为散点型视觉流程，通过画面图形的拆解散落在画面各处，重新组合成一种独特的视觉美感

注意画面的留白

留白是具有中国特色的独特视觉奇观，好的留白画面可以给人无尽的遐想空间。结合版式设计的版面率和图版率来说，就是要将画面中的图片和文字，放到合适的位置，并且留有一定的空白空间。好的留白版面率要注意天头、地脚、切口与订口之间的关系，根据实际要求留有合适的空白空间。好的留白图版率是指图片与图片之间，图片与文字之间，文字与文字之间的空隙与距离要恰当。值得注意的是，每一个空隙都有留有一定空白空间，既要注意内部画面的留白空间，同时又要注意整体的留白画面。要处理好留白，需要在观摩大量优秀作品的同时多加练习，不断调整空白空间。

Kim Jung Hi 28 / 29

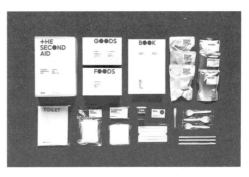

- 此案例为留白型的视觉设计，画面中省去图形，只在上中下三个部分放置关键文字，其余的部分作出了留白处理，使整体画面异常简洁。通过合适的配色将极简主义发挥到极致

- 此案例为留白型的海报，特点是只在中间及四周放置信息和图形，其余的部分留有一定的空白空间，这样整体画面干净整洁，重点突出

- 此案例为多处留白型的版式设计，logo上方留白，行距之间留白，图文之间留白，选用的图片也采用了留白，多处恰到好处的留白会让画面看起来十分的舒适、自然。

耐心调整每一个区域的边界

版式设计可以划分为很多垂直的线与水平的线。很多时候，画面中的图片和文字都是要放置在合适的线上，既要注重整体又要注重细节处理，各部分不能分割开来。由于图片和段落的边缘各有区域边界，调整不同区域边界时要注意最重要的原则就是对齐。对齐往往又是比较烦琐的一个部分，所以请耐心地对齐应该对齐的每一个画面元素的边界。对齐还分为很多种类，如上对齐、下对齐、左对齐、右对齐、居中对齐、排列对齐等。应根据题材和内容不同，调整不同的对齐方式，使画面看起来更加规整。

● 此案例为图文混合型对齐，从标题到内文，从矩形图片到圆形图片，到图片与文字之间，每一处都采用了不同的对齐方式，目的都是为了使画面看起来更加简洁整齐

● 此案例为多图对齐为主的版式设计，在应有的版心之内，每一张图片都采用了不同的对齐方式

调整版式元素中的位置和距离

版式设计中，各元素的位置与距离的调整也很重要，不同位置和距离会给人不同的视觉感受，恰当的位置和距离给人强烈的秩序感和节奏感，运用得当的话还会增强画面的趣味性和美感，而不好的位置和距离会让画面看起来杂乱无序，影响阅读的效率。在实际画面中，要做到把同一类信息的画面尽量调整到相近的位置上，距离疏密得当，不同类型的信息最好拉开一些距离，远近疏密都会影响画面给人的视觉感受。

● 此案例是产品介绍的版式设计，设计者采用了横线型的视觉流程，在深色的画面上调整了主标题的位置与距离，通过上中下等距的直线为画面带来了平衡感

● 此案例是艺术展览介绍的版式设计,设计者采用了竖线型的视觉流程,在浅色的画面之上用一左一右两个近似的画面主体强调了展览的主题,层次分明,主题突出

● 此案例是以摄影图片为主的版式设计,图片本身的质量比较高,虽然图片的大小不一,文字的字号也不一样,但是通过对齐的方式,不仅使画面看起来非常简洁,而且结合图片本身传达一种相对震感的视觉效果,让人可以回味

灵活运用视觉心理

视觉心理是一门学科,主要是指外界画面通过视觉器官引起的心理机理反应,是一个由外及内的过程。因为外界图形信息丰富多彩,内心心理机能相对比较复杂,二者在相互连接并发生转化时建立起了千丝万缕的联系,不同的人看到不同影像,相同的人看到相同的影像或是不同的人看到相同的影像或是相同的人看到不同的影像产生的心理反应是不同的。我们可以灵活运用视觉心理的相关活动,给读者带去最为舒适的视觉体验。

(1)同一类形状或者颜色可以放到相近的位置上,这样看上去对视觉心理造成的差异最小,读者看到画面就会更加舒畅,符合其同类的视觉心理。

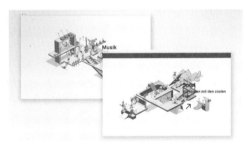

● 此案例是艺术设计图形为主的版式设计,虽然两个图形的外形和颜色不一样,但是通过整体造型及一致的线条可以看出其为同一系列的版式设计,符合读者的视觉心理

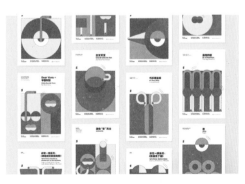

● 此案例是一系列相当出色的符合视觉心理的版式设计,设计者通过画面扁平化的几何图形组合,搭配饱和度较高的颜色,形成具有统一视觉心理的版式设计

（2）灵活运用黄金分割构图是很重要的一点，因为黄金分割是从物理学、自然界的角度总结而来最舒适的视觉观看比例，数值约为 0.618：1，在一个图版率相对较小的版面设计中，当不知道元素放在画面中的什么位置最合适时，那么将重要元素放在其黄金分割线上，或者黄金分割点上，都不失为一个好选择。

● 此案例是将两种颜色交界处的曲线放置在上方的黄金分割线上，通过颜色将画面分成上下两个部分，上方标题采用最重的颜色，下方为对应的图形，两者互相呼应，构成和谐画面

● 此案例在包装设计上分别采用了不同的黄金分割构图，品牌多在左边的黄金分割线上，人物的脸庞出现在右边的黄金分割线上，背景的图形放在上方的横向黄金分割线上

（3）规律与突破是两个吸引读者视线的好办法。第一个规则就是注重一定的节奏和韵律，将相同或者相类似的颜色或者图形进行一定的对齐、排列或者组合，给读者带去稳定、平衡的视觉心理。反之，将规律性的图像打破，可以利用吸人眼球的画面或者颜色，在第一时间给读者提供重要的画面信息，牢牢抓住读者的视线。所以根据其主题可以灵活运用相关的设计来带去不同的视觉心理。

● 此案例是规律形式的视觉设计，在保持一致性的图形基础上变换颜色，既保持了外表的统一，又利用颜色变化突出了趣味性和设计感

● 此案例是突破形式的视觉设计，在保留关键信息位置不变的前提下，其余部分利用突破规则的变化，整体依旧保持了统一性和协调性，并没有因为突破而变得杂乱

注重版式设计页面之间的统一性和协调性

设计某一个页面和设计连续性的页面之间是有一些不同的，单独页面采用一些视觉方法在第一时间吸引读者即可，但是连续性页面的设计最讲究的则是统一性和逻辑性。

（1）连续页面之间的统一性指同一类信息或者同一个主题之下，要求页面和页面之间最好保持高度的统一性，包括标题字体、内文字体、介绍字体、段落与段落之间行距、统一性的色调、统一的图形运用等，因为保持统一读者才会认为这是同一章节或者主题，否则就会让人认为是杂乱无章的内容，彼此之间毫无关联，这会对页面之间的连续性起到不可逆转的破坏作用。

（2）连续页面之间的逻辑性也要注意，一般不管书籍还是杂志，都有一定的逻辑性要求，如书籍一般的结构顺序为封面——扉页——版权页——目录页——篇章页——正文页——附录页——封底。杂志的结构顺序和书籍差不多，多的可能是一些广告页和专题页，但是整体的顺序还是书籍的结构顺序。这样整体看下来，基本和写文章的思路是一样的。

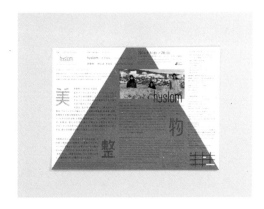

● 上面两张图是连续页面，虽然前后有变化，但是整体梯形元素一致，读者依然能够通过颜色与几何图形的关键信息，清楚地辨别出页面的关联性和统一性

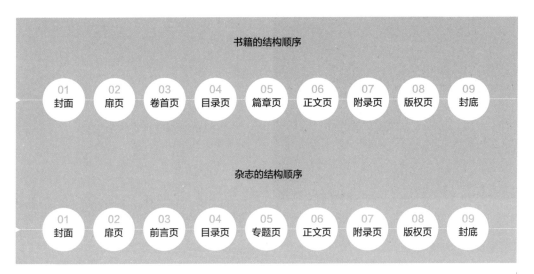

书籍的结构顺序

| 01 封面 | 02 扉页 | 03 卷首页 | 04 目录页 | 05 篇章页 | 06 正文页 | 07 附录页 | 08 版权页 | 09 封底 |

杂志的结构顺序

| 01 封面 | 02 扉页 | 03 前言页 | 04 目录页 | 05 专题页 | 06 正文页 | 07 附录页 | 08 版权页 | 09 封底 |

4 注重版式设计原理的优秀案例赏析

 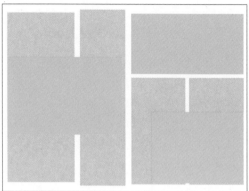

● 此案例设计者通过丰富的设计手法将页面变得活泼时尚，通过图片大小的变化和文字形式的变化让人感觉到其热情洋溢的青春气息

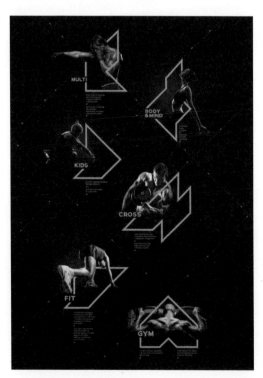 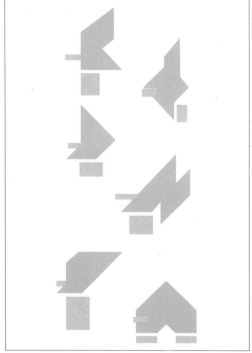

● 此案例通过人物的重复性节奏变化，将主题发挥得淋漓尽致，在黑色的背景上，用人物形象的光影和金色的几何图形搭配，稳重中彰显运动的活力与激情

● 此案例设计者通过大小不一的图形，突破了对齐的边界，并用绿色的圆形作为点缀，将不规则的视觉设计很好地运用到视觉设计中，让人在深沉的主题之下感受到艺术的自由追求

● 此案例通过汉字的重叠、重构与排比，对海报本身宣传的主题进行了很好的诠释，颜色的对比没有杂乱的感觉，反而能够让人细细品味主题的奥妙

 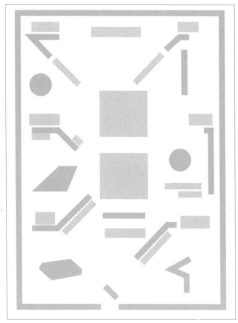

● 此案例在规整的几何图形之内，将线条和图形做了重构与类比，在保证主题标题中心位置的同时，运用红蓝对比色，在规整之内做了大胆的突破，将秩序和动感有机结合

● 此案例通过大小对比，红黑对比，黑白对比，方圆对比等不同的对比设计形式，使海报更为灵动

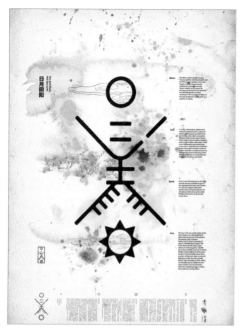

● 此案例设计者通过中心构图，让主体元素出现在最明显的位置，第一时间就能够抓住读者视线，再加上周围细小元素的衬托和背景泼墨形式的渲染，主次分明，主题清晰

● 此案例在大面积的红色之上，加入具有大小变化的白色文字结构，虽然只运用了两种颜色，却带给读者无限的遐想空间，让人感受到艺术家的疯狂与秩序，感性与理性

CHAPTER 2

版式设计中的图片编排

1 这样的版式看上去舒服吗 before

通过版式设计原理来个大变身 after

2 设计师的图片编排小贴士

3 版式设计的图片编排讲解

4 图表和图解的编排讲解

5 注重图片编排原理的优秀案例

6 优秀的招贴设计案例分布

7 优秀的展览设计案例分析

8 优秀的杂志设计案例分析

9 优秀的包装设计案例分析

CHAPTER 2 版式设计中的图片编排

1 这样的版式看上去舒服吗 before

（1）图片整体看上去编排过于凌乱，虽然注意边线对齐，但是由于整体位置和大小摆放不当依旧显得没有重点，而主要图片由于没有很好的剪裁，没有发挥出图片本身的优势。

（2）虽然设计师初衷是想活跃画面的气氛，但是由于凌乱散漫，反而使整个版式看上去毫无章法可言。

（3）文字作为一种文字图形在画面中层次不够明显，使主题不够突出。

通过版式设计原理来个大变身 after

（1）主要图片经过适当的裁剪和修片，突出了主体，色彩更加艳丽，让人不用看标题就立刻知道画面中想要传达的主题内容，重点十分突出。

（2）去掉杂乱的几何图形，而将这种颜色形状蔓延到整个页面，作为背景，使整体更加雍容华贵，从形式上更加靠近版式设计想要传达的中心内容。

（3）文字经过标题和内文的重新排版之后，整体层次更加分明。

2 设计师的图片编排小贴士

问：设计师佟先生对于版式设计中的图片编排有一些什么好的建议呢？

佟：相比文字展示，图片展示的优势要大得多，图片简单、直观，具有震感效果，一张好的图片可以给读者带去更多的享受。我们都说现在是'读图时代'，相较于文字很多人都更喜欢看图，在现代社会，一张图片往往能带来更多信息。首先，一张好的图片其实就是一个好的版式设计，简单地说，画面中人物放在什么位置能看上去最舒服，大到一座山小到一片叶子怎么构图看上去觉得最美，当然这是最基本的，我们还应该从一张图片或者一系列图片中感受到图片背后的情绪。最棒的照片让人直接感受到照片中的故事与情感，感受到创作者背后的努力与付出。如果照片本身传达的意思不够直接，那就需用文字来进行说明，庞大也好，细微也好，都是为了感受其背后的情感与奥妙。而很多时候，我们在设计版式时，一张图片本身的好与不好，最终都是为了体现图片的精神。所以在版式设计中，图片如何摆放，与文字如何对应，图片如何裁切，大小与位置是否合适等，都需要设计师仔细体会、研究。

问：图片的裁切在版式设计中是否是必要的呢？

佟："版式设计中的图片一般都会经过裁切。为什么要这么做，我来解释一下原因。一般我们看到的出现在大众视野内的图片都是至少经过二次处理的效果，因为图片质量不一定尽如人意，也就是说，很多图片要经过后期处理，尤其在如时尚行业、汽车行业、高科技行业等，需要展示给读者美的一面，我们设计的衣服怎么好看，我们制造的汽车怎么精美，我们生产的手机多么人性化等，光靠相机本身的能力很可能达不到，或者能达到但是耗费的人力、财力、物力过多，这中间还要浪费许多时间，所以我们一方面要在有限范围内精益求精地拍摄，另一方面要通过裁切精修等手段去达到最终的理想效果。好的裁切会让重点更加突出，直接表达创作者的意图，同时也会让照片看上去没有那么累赘，所以裁切图片我认为是必要的。"

3 版式设计的图片编排讲解

先将版式设计的图片分类

作为版式设计的重要掌控者，需要建立一个与设计相关的图片库，而这种图片库最好分门别类整理好，这样需要什么样的图片马上就可以找到，平时要仔细整理好图片，分类越细对后期的版式设计就会越有利，以下是一些简单的图片分类说明，当然也可以做更细致的属于自己的专属图片分类。

（1）**按人物划分：** 这一分类带有明显的倾向性，就算没有出现明确的人物，和人物明显相关的物品也可以分类。如女性的衣服、化妆用品、时尚元素等，男性的烟酒类、服饰类等，与儿童相关的玩具产品、母婴产品等，与老人相关的保健产品、健康用品等，这些都带有一定的倾向性，都可以算作此类。

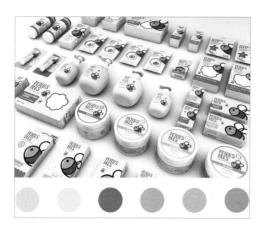

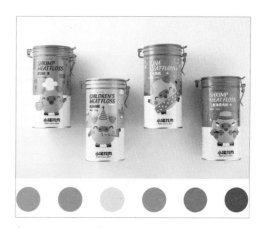

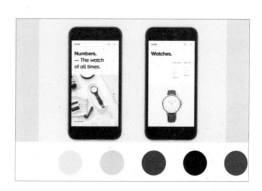

● 以上 6 个案例的颜色和色调的倾向性看出来图是偏向于哪类
人群。其中最上面 2 张图为偏向儿童类产品，色彩特点是简
洁明快，饱和度较高；中间 2 张图偏向男性类产品，特点是
色调较低，明度较低；最后 2 张图为偏向女性类产品，色彩
特点是饱和度较低，色彩柔和。

（2）**按景物划分**：如山川、河流、湖泊、海洋、
岛屿、沙漠、草原、森林、湿地、火山、高原、冰
川等，都可以算作自然景物类，不同国家有着不同
的自然地理环境。

● 两个案例是按照不同景物划分的图片和版式设计。这一类版式设计的特点是图版率很高，很好地体现出景物的气势与震撼感，能最大
程度地突出景物本身带给人的巨大的视觉冲击

（3）按意义划分：这一类主要包含带有一定历史文化元素的图片，如历史景观、传统遗迹、旅游风俗、家居装饰、新闻纪实类等，这一类图片多带有人工加工或者制造的痕迹。

● 右图是按照不同意义划分的图片和版式设计。左图是旅游风俗类的版式设计，在保证版面率较高的前提下，既能看清当地风俗照片又能看到文字介绍，两者结合可以将信息最大化

（4）按行业划分：社会中的各行各业庞大复杂，可以进行很好的分类，如目前最火爆的时尚行业、汽车行业、金融行业、科技产品行业等。

● 右图是传统遗迹类的版式设计，无须多余文字介绍，通过非常高的图版率可以让震撼性的图片尽收眼底，让遗迹更好地显现出来

● 以上两个案例是按照不同行业划分的图片和版式设计。左图是城市广场类的版式设计，需要根据广场的消费内容选用符合主题的夺人眼球的图片，将文字叠到图片上

● 右图是汽车广告类的版式设计，设计者选用具有创意性的图片，最大限度突出汽车本身的特点。这类版式设计的特点都是图版率比较大，突出优秀图片的本身

　　（5）表格也算图片的一类： 当下社会数据业发达，很多和人们生活工作相关的各种数据被做成美观的图表，这同样也是图片的一种形式。

● 以上两个案例是不同形式的表格和版式设计，和以往传统表格的设计样式有所不同，现在的表格设计更加复杂也更加精美，在准确传达信息的同时，给人艺术的享受

根据内容来调整图片的顺序和位置

每一张图片都包含专属信息，作为设计师，必须清楚图片的优势与劣势，同时清楚图片想要传达的信息，在版式设计中，准确使用图片是第一步，然后才是契合与美感，如果主题信息和图片都画不上等号，那么图片就失去了本身应该传达重要信息的作用。而正确恰当的图片是版式设计的基础，分门别类的整理图片就为这种基础打下了一个良好的根基。在准确传达信息的基础上，再进行图片调整。这里包括调整图片的顺序与位置，还包括对图文在整体版式设计中的位置等，最终的目的是使画面更具美感。

（1）**根据主题来选择合适的图片：** 简单来说，就是与文章主题表达内容一致的图片，在正确选用图片的基础上进一步考虑是否还有更合适、更精准的选择，这一张图片是不是比刚才的图片传达信息更精准，这一张图片是不是比刚才那张图片更具美感。有的时候可达到更好的效果。

（2）**调整图片的顺序：** 简单地说，就是结合文字内容，结合图片的基础分类，对图片做一个逻辑上的顺序调整。我们要根据图片本身的效果来决定什么样的图片适合放在什么样的位置上。

● 此案例是杂志系列封面的版式设计，从中可以看出封面的图片应选用具有代表性的图片给人气势恢宏的感觉，色彩运用也要十分得当

● 此案例是系列包装的版式设计，封面的图片选用具有相似元素的一系列图形作为主要视觉元素，清晰淡雅的风格符合产品本身的定位

（3）调整图片的位置： 很多图片第一眼就能看出它适合放在什么位置，如满版图版率的图片和半版图版率的图片肯定是不一样的，结合文字的内容我们可以从颜色、氛围、构图、照片意境、图片本身质量来决定图片的位置，是跨页还是半版，是横向位置还是竖向位置，是较小图版率跨页还是放到半版页面之内，是做成连续系列图片还是只放单张的照片，位置不同带给人的视觉心理就不相同，所以设计师应尽可能地根据版式和丰富的设计经验得到想要传达的效果。

● 此案例是店铺单页的系列宣传，设计者将图片放置在版面的下方，并且与边缘留有一定留白，用规矩的外形配合流线型的植物形象，一静一动，很好地表达了商品的主题

图片不同外形的使用方法

不同图片的外形会给人不同的视觉感受，下面我们对几种图片的外形来做一下分类。

（1）直线形：直线形指的就是图片的外形为直线，四个角是直角、锐角、钝角的形状，这其中直角直线形是这一类图片最常见的图片外形，它包括正方形、矩形等。基本我们平常所看到的大部分的版式设计图片都属于这个类型。我们平常看的实体照片、手机屏幕、电脑屏幕、电视屏幕、影视屏幕等基本都是长方形外形，这样的图片给人平整、规矩的感受，同时也接近我们视觉可以接受的原始状态，最符合我们容易接受的视觉心理。

（2）圆角行：在直线型的基础上做了一些圆角处理的变化，根据不同的主题可以调整不同的圆角大小。比如儿童用品适宜采用圆角矩形，因为圆角看起来更符合儿童的视觉心理，更加贴近儿童的视觉心理特点。

（3）多边形：这里要根据具体情况来做具体分析，如五角星外形、月亮外形等，要结合具体的主题来做选择。虽然这一类图片外形看起来更加炫目多变，但实际使用情况却恰恰相反。在版式设计中，

这一类图片外形往往都很少用到，只起到点缀页面的作用就可以，不适合经常使用，也不适合大面积使用。使用频繁会使画面看起来过于花哨，无法给人稳定感和信任感，为了更准确地传达信息，一定要做到适度，所以一定要结合主题来做适当的变化。

● 此案例是圆角型外形的版式设计，这和设计可以大大减轻直角图片给人的压迫感，因为圆角给人感觉看上去更加放松、舒适，配合其绿色系的色彩，给人心旷神怡的感觉

● 此案例是多边形外形的版式设计，这一类图片的使用大多要配合其宣传的主题，如举例中所示，将外形处理成符合主题内容的抽象外形，给人以亲切感，贴合观者心理的视觉感受

● 此案例是直线型外形图片的版式设计，这里直线型图片运用较多，给人规整、简洁的感觉，同时配上标题文字，有直有曲，更丰富了画面的视觉元素

（4）**圆形：**这一类图片外形的使用频率仅次于直线形的图片，但在实际使用过程中也要根据具体的情况做具体的分析。这一类图片给人友好、亲切的感觉，没有攻击性，也没有强大的视觉冲击，适合做一些连续性条件的配图，并不适合做主图。

● 右图是直线型图片为主，圆形外形图片为辅的版式设计，在这里面圆形的图片并不占据主要部分，只起到点缀画面的作用，这样有直线有曲线，使画面更加丰富、活跃

（5）**物形：**物形指的是物体本身的外形。如人物的外形、食物的外形、产品本身的外形等，这一类图片外形主要用于相关时尚专题、潮流专题的版式设计中，面向的人群多为年轻人，因为其外形本身的活跃性与跳动性，更能吸引年轻人的目光。

● 右图是物形的版式设计，这类设计是要符合其宣传的主题，如图所示，图形的外形十分贴合主题，在深色的背景上，浅色的物体更为突出，给人想象空间

重视图片的剪裁

图片的剪裁非常重要，一件合体的西服可以体现出一个人的气质，但不是每一个服装设计师都会把西装剪裁得恰到好处，领口、袖子合不合适、裤脚的长短、整体的修型效果是否得当，这些都需要注意。合适的剪裁能体现一个服装设计师的精湛技艺，也会体现出穿着者的优雅气质，这个道理放在图片的剪裁上也同样适用，可能很多图片的拍摄效果一般，但是经过恰当的剪裁和修整，就会使原本并不出色的照片脱胎换骨，气质迥然一新。

（1）**突出重点：** 由于构图的原因，很多照片整体看上去主题不够明显，但是如果使其重点突出，裁切掉不重要的部分，画面就会变得主次分明。

● 左上图经过重新突出重点以后效果如左下图所示，整个画面变得异常简洁，重点突出

（2）**改变构图：** 面对一张特点不够突出的照片，只要改一下其构图形式，就会使照片的气质发生本质上的变化。这需要结合主题来进行适当的改变，已达到理想效果。

● 右上图由横构图变成右下图竖构图，画面效果更为理想

图片编排同样注重视觉流程

图片的视觉流程包含内部和外部两个方面：

（1）**图片内部**：图片内部实际上是指图片中人物眼神所指向的方向。眼神指向的方向其实就是一条视觉引导线。引导线牵引的目光焦点落到哪里，读者的视线也会交汇于那一点。而人物在照片的中间看向不同方向，在左边和在右边每一个方向眼神所指向的位置其实都不一样，那么最后给读者带来的效果当然也就不一样。

（2）**图片外部**：图片外部实际上是指在版式设计中图片所安排的视觉流程，这个视觉流程是有一定逻辑性的，先放哪个图片后放哪个图片，可以牵引读者的视线。一般来讲，我们看到一个版式设计，首先会看到标题，这个部分的配图需要放大或者重点强调；其次，在版式设计中的图片，有一些没有那么重要的次要图片，分清主次；最后，搭配一些配图。画面整体是强调一定逻辑性的，也就是需要有一个前后顺序和一个主要、次要顺序的问题。

● 上图是人物图片的裁切。在很多时尚相关领域，人物图片的裁切显得十分重要。合理的裁切，会让人物比例看上去更加修长，增加人物的高度，提升人物的气质

● 上图的全身人像经过裁切之后变为下图，整个人看起来身材更加修长，腿部被裁掉，留给人无限的遐想空间

● 左图所示中两个人物的不同视线焦点汇聚的地方就是画面想传达信息的地方

● 左图中，画面中人物的视线具有直线性的指向，视线指向了读者方向通过人物的视线强调人物本身的重要性，而同样这个页面正好也就是以介绍这个人物为主

注意图片之间的统一性和协调性

这一点其实比较好理解，统一性是指同一类型的图片要放到一个主题下，或者一个标题下的图片要放到同一个版式设计中，同一个版式设计中尽量包含一致的元素，形式也要相同。其实主要是版式设计中的差异性一定要小一些，看上去不能像是两个不同专题的内容，所以在图片的选用上一定要包含相似的元素或者相近的物体，形成一系列、连贯的、连续性的内容。而协调性是指图片之间一定要有联系，我们不能在前面版式设计中放置矩形图片，而到后面的设计中又放入一些圆形或者异形图片，这样前后不连贯，就会影响读者的阅读，进而影响到读者对版式设计本身信息的理解，降低读者的阅读效率。

● 此案例为一个系列宣传视觉，在不同海报之间所选用的图片和设计语言是同一个系列，无论是头像大小还是设计形式都具有统一性

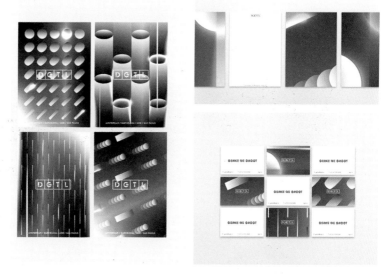

● 此案例画面中的图像以纯几何形式为主，而整体色调采用黑白灰，无论从几何形体还是整体色调，都延续了整体的协调性

图片与文字的合适编排

图片与文字的合适编排是指图及与标题与内容之间，要有一定的空隙。但是这个空隙不能过长，也不能过小。如果图片与文字之间编排的空隙过大，就会拉开图片与文章本身的距离，让读者看上去，不像是一体的内容，而是分裂的信息，这样不利于整体信息的传达。而图片与文字之间的距离如果过小，又会影响读者的视觉心理，给人压迫感和紧迫感，给人以一种紧张感，不利于读者在一种舒适的环境中阅读。所以说，图片与文字之间的距离既不能过大，也不能过小，一定要调整到合适的位置。这就需要设计者在做版式设计时，一定要根据视觉原理和丰富的设计经验完善设计。

（1）**标题与图片**：在版式设计中，标题起到的作用通常比图片作用大，主要图片的展示也都是为了体现这个专题下的重要内容，所以说，不管标题在一个跨页，还是一个单独页面，一定要和其相关的主要图片发生一定的联系，整体形成主要图片服从于标题的设计形式。

（2）**内文与图片**：在内文设计中，所选用的图片通常没有专题页面下的图片震撼，也没有其有视觉冲击，但是它所起到的作用是不断丰富和完善文字所传达的信息，也就是说，在这个页面设计中，图片与文字更多的是为了体现中心思想。所以说，我们在选用图片的过程中，除了要注重版式设计的相关原理、图片的裁切原理、对齐的原理等，这些是我们更应该考虑去做的。在页面和图片的设计之中，我们一定要形成一个概念，图片与文字之间，不管是标题还是内文都要留有一定的空白，并且图片服从于文章主题，不能强出风头，盖过文字本身所要传达的信息。

● 此案例中标题与内容设计形式统一，并且在整体色调的运用上，与文章主题、主题配图和配图，形式感几乎一致

● 此案例中内文与图片采用的是图片内嵌式的排版方法，设计者将图片至于整体的文字当中，让文字围绕在图片的周围。这种设计形式让人感觉是以文章的信息为主要介绍部分。

● 此案例中图片说明的文字与图片本身紧密结合，动势走向一致，也就是说图片的方向与文字的方向保持一致，这样做是为了在整体上强调图片的统一性。

（3）**说明与图片：** 版式设计中，经常会出现很多的说明性文字和说明性的配图，这一些配图和文字主要是为了补充版式设计的内容，不管是在字号大小，还是在图片的大小选用上，都不应该比标题和内文所选的字号更大、图片也要更小一些。

（4）**注意事项：** 在这里面我们说图片与文字之间还是有一些需要注意的部分，有的时候我们看一篇文章很长，但是这个图片插入的方式比较奇怪，或者因为截断了关键性信息影响了其文章连贯性的阅读，比如说在一篇文章中间插入图片，或者是因为图片的插入影响对读者对文章顺畅性的阅读，这一点要注意。

还有需要注意的部分就是图片与文字之间叠放在一起的关系。比如说如果在图片上面叠加文字，如果图片本身的颜色比较重，那就不应选择颜色同样很重的文字，而应该选择与其相反的浅色文字。反之亦然，背景浅的图片一定要放一些深的文字来搭配。并且同时要注意文字所放的位置要恰当，如果一个图片关键性的元素在左边，那文字就不应该遮挡住关键性的左边部分，而应该选择放在其没有

那么重要位置的部分，这一点同样要注意。

● 此案例中设计的形式较复杂，既有大面积文字，又有大张图片和小张图片，同时还有几何形式的配图，许多元素放到了一起，配图与文字、标题，彼此设计形式区分性较明显，所以整体画面感觉不是很乱

图片本身的类型与使用注意

前边已经提到过,图片的类型包罗万象,涉及各行各业。因此,我们在做版式设计的时候,一定要善于选择方向,同时也要善于选择和主题相适应的类型,具体要注意以几个方面。

(1)在选择图片的时候,应尽量选择相对比较清晰,质量比较高的图片,如果一张图本身的质量特别高,出彩的地方特别多,但是却把它用来做一个很小的配图,是不合适的,我们一定要根据图片的成像质量、分辨率及清晰度,给图片做一个具体的规划。

(2)图片本身的颜色问题。因为在做版式设计时,有些图片

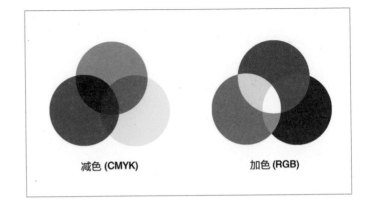

减色 (CMYK)　　　　加色 (RGB)

用来印刷,有些图片用于网络,涉及的颜色模式是完全不一样的,最后呈现的效果也是不一样的。在书籍、杂志制作中,我们应选择 CMYK 色值。可是如果是用于网络,应该选择光的三原色 RGB 色值, 。

(3)做设计文件时,需要涉及出血制作,如果把图片放到切口或者订口是不可以的,一定不能让图片的关键部分出现在切口或者订口。如果放到这个位置,印刷时很容易会由于人为操作,把重要部分给裁切掉。

● 此案例所示,在跨页版式中,关键性信息人物正好让出了中间折口的部分

4 图表和图解的编排讲解

根据主题选择适当的图表形式

很多时候，图片或者文字不能直接表达创作者的意图，如在版式设计中，需要展示很多相关数据文件，这时，图表就派上了重要用场。图表可以让人一眼看出数据趋势、走向鞯等，使数据简单、直接。

（1）圆形图表：多用于表现数据比率。一个

圆所占的完整数据是 100%，从一个完整的圆中分出多少个部分，每一部分占的面积是多少，就说明这个部分的比例是多少。如一个圆是 100%，那么半圆的比例就是 50%，那 1/4 圆的比例就是 25% 等，如下图所示。

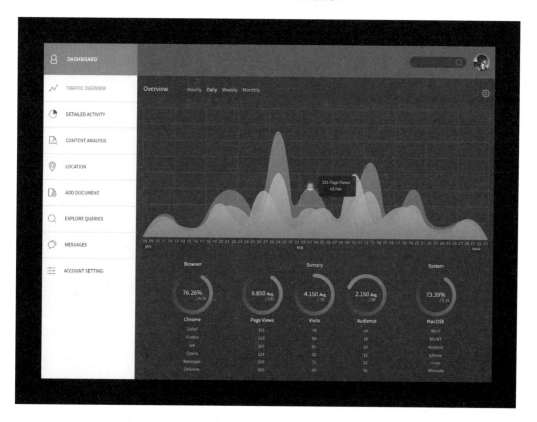

（2）**柱状图图表：**柱状图呈现长条矩形，可用于表现从前到后的差别与发展，以及此消彼长的过程，具体如下左图所示。

（3）**折线图表：**折线图表和柱状图图表有类似之处，但是不完全一样。折线图表所显示的是具体在某一个时间点，或者某一个过程当中所呈现出来的数据变化，可更直观地展现出精确数据的具体变化，如下左右图所示。

（4）**平衡图表：**平衡图标就是指在一个圆形的图表中涉及具体某一个方面所占的比率是多少，这种图表很多情况下是用来表示如性格成分，如营养成分等具体数据的比率，可以更直观地通过圆形图表看出每个部分所包含的具体数据，如底图所示。

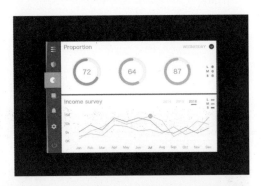

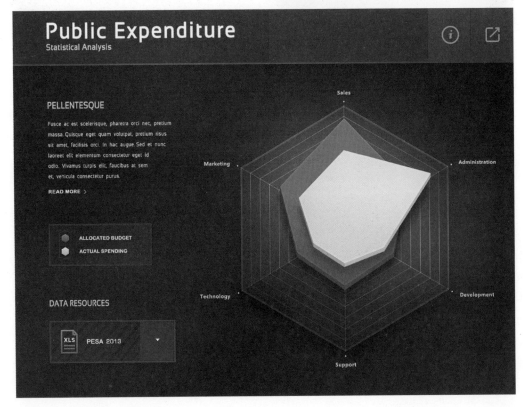

注意图表的信息传达是否得当

图表最基础也最重要的功能就是传达信息，如果一个图表传达信息本身的准确性让人怀疑，这就不是一个好的图表设计。在做图表设计的时候，一个很重要的问题是如何把复杂的数据简单化。在这个过程当中，我们要做的相关的设计过程就是简化，将不必要的元素去除，只留下能让读者清楚、明白的关键性数据。做完图表之后，我们可以再检查一下，因为涉及的数据展示与变化是偏理性的，所以我们一定要回过头来看一下这个图表自己是不是能看懂，自己能看懂之后再找身边的人帮助检查一下，看一看身边的人是否能迅速看出来图表所表达的含义，如果都没有问题的话，说明这是一个信息传达准确无误的图表。

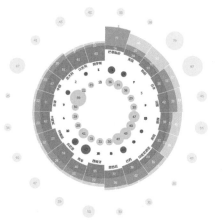

● 此案例是圆形图表的图表设计，整体数据繁杂，更应该准确无误传达信息

注意图表的设计

图表设计经常会被人忽视，很多人觉得图表只用于数据展示，没有必要把它们做得有多美观或者多吸引人，但是这种想法不对，一个好看的图表，其实也是需要经过精心设计的。对于不好看的图表，我们一看上就会觉得这个图表不够吸引人，那相应的数据也就没有说服力。如果一个图表的设计让人看上去十分的舒适，人们就愿意把视线更多地停留在数据上，这样才能注重图表背后数据想要传达的真正信息。

（1）**图表同样需要对齐**：好的图表同样需要对齐，同一类的信息，要对齐到同一条横线、竖线或者同一片区域内。不同的距离是区分不同信息的区域，这就需要设计师在做这一类图表设计的时候仔细认真，精心打磨。

（2）**图表也需要逻辑**：图表同样需要逻辑，这一点毋庸置疑。因为数据是理性、直观的，是直接展示与我们相关的数据，这就需要我们在做设计的时候注意其中的逻辑性，同一类的信息放到同一类的区域内，不同的信息，做出不同的批示和处理。

（3）**配色对图表很重要**：配色对图表相当重要，我们不能再像以前一样只用简单粗暴的配色搭配来进行设计，而应该多考虑读者的感受。比如说我们在选择颜色的时候，同一类的信息数据要做到同一类颜色，可以是同类色的渐变，也可以是相似色的对比，但是一定要注重逻辑性。另外我们在做图表配色的过程当中，可以参考很多日本的配色设计或者欧洲的配色设计，这些图表设计大多颜色运用恰当，饱和度很低，整体的色调偏淡，很多颜色都在纯色里面加入了一些灰色，让整体色调看上去更加自然舒适。这样让人放松的配色设计，可减少读者对图表数字的恐惧感。

● 此案例是总结性的图表设计，设计者将枯燥的数据化成花瓣一样的圆形，造型别致

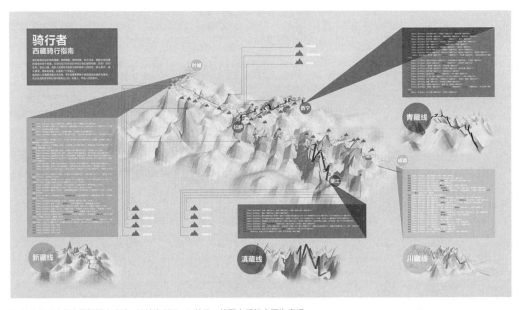

● 此案例是户外主题的图表设计，设计者利用 3D 效果，使图表看起来更为直观

图表和图解的大小与位置编排

（1）**图表：** 这个部分我们需要注意的是，图表的大小与位置一定要合适，如果是以图表为主的一篇文章，那图表相应可以放得大一些，如果这个图表只是一些辅助性配合性的展示，那就没有必要做得很大。

● 此案例是健康主题的图表设计，设计者将圆形图表、柱状图表和动漫做了一次有机的尝试，使画面更为生动

（2）**图解：** 图解就是在版式设计的图片中加入的解释性、说明性的文字，这样的文字一般不适合放得很大，比较适合放到图片的下方，可以采用左对齐、居中对齐或者是右对齐，并且字号要比正文的字号稍小一号到两号，而字体的选择也要区别于正文和标题。

● 此案例设计者将矢量插图和枯燥的数据结合在一次，分类清晰，有很好的层次感

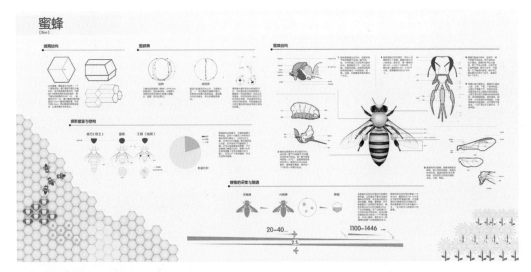

● 此案例是生物主题的图表设计，设计者将圆形图表、结构注释融入具有生物特征的图表当中，画面整体感强

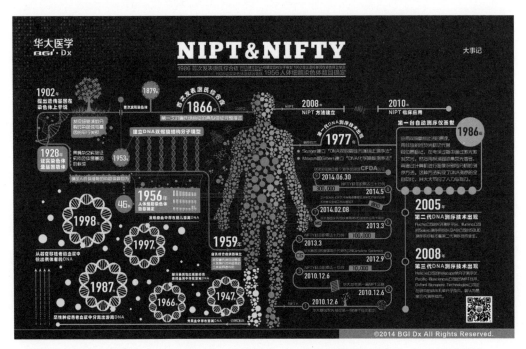

● 此案例是多角度展示的图表设计，设计者将圆形图表、线形图结合到一起，通过饱和度较高的颜色运用，唤醒人们的数据意识

5 注重图片编排原理的优秀案例

● 此案例设计者利用图片作为一个整体，对图片的每一个边缘都做了线条化的处理，在人物图片的周围加入了符合人物曲线动态的文字动态，活跃了画面，让人觉得动感十足

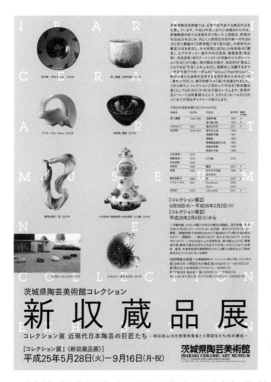 

● 此案例设计者将图片做了物形的处理并放到了画面的左边，同时在物形的图片当中加入了矩形的图片，丰富画面的构成，将介绍的文字和标题放到了图片的周围，给人一种十分低调、沉稳的感觉

6 优秀的招贴设计案例分析

● 此案例设计者将图
片做了艺术化的黑
白处理，同时配合
符合主题的曲线文
字，又将曲线的图
案作为一种物象的
图形，放到了画面
的下方，整体形成
一个有机的系统，
增添了整个画面的
艺术感

● 此案例设计者利用画面中的图片本身做了一种趣味性的摄影尝试，将人们日常生活的用品和科幻中的场景进行一次有机的结合，这么
做让人印象十分深刻，并且可以引发一种浓浓的趣味感

7 优秀的展览设计案例分析

● 此案例的展览设计是以图像为主,这么做符合其展览的主题定位,将艺术化处理的不同造型图片,直接放到主体元素上,这么做可以增强整个展览设计的视觉冲击

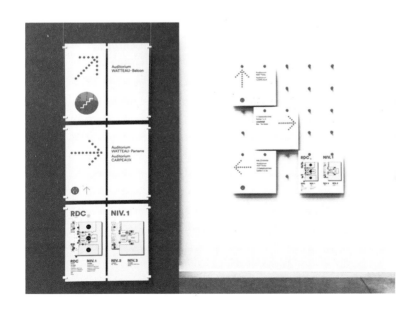

● 此案例的展览设计以抽象简约的几何图形为主,简化了人们思索的过程,直接引导观者视线,并且在展览中运用了一定留白手法的处理,这么做会为整个展览设计增添无穷的韵味

8 优秀的杂志设计案例分析

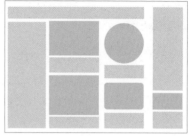

● 此案例版式设计元素十分丰富，设计者同时运用了直线型图片，圆形图片和圆角矩形的图片、用丰富的设计手段进行了画面有机构成，同时将一些抽象性的图案整体作为一种纹理，所有的做法都是为了使画面看起来更加的活跃，不死板

● 此案例是以图片为主的版式设计，这个版式设计中有一些特别的设计手法，将一些潜意识中的元素运用到画面当中，让人有一种沉入到梦境中的梦幻感觉，用一种意识流或者无意识的手法，同弗洛伊德精神分析法进行了一次有机结合，使画面看起来更加的神秘

9 优秀的包装设计案例分析

● 左图的设计者利用现代极简的设计手段，只保留了最原始的纯色及一些简单的文字，在注重版式设计的同时，给人极简的商务感觉，整体色调统一，加上大胆的配色，给人留下极其深刻的印象

● 左图的设计加入了十分有趣的插画形式，这是近年来比较流行的一种做法，同时结合具有中国传统元素的图案，使整个版面设计看上去更加具有中国传统的韵味，能够吸引时尚的消费者

CHAPTER 3

版式设计中的文字编排

1 这样的版式看上去舒服吗 before

通过版式设计原理来个大变身 after

2 设计师的文字编排小贴士

3 版式设计的文字编排讲解

4 注重文字编排原理的优秀案例

5 优秀的名片设计案例分析

6 优秀的折页设计案例分析

7 优秀的包装设计案例分析

8 优秀的书籍设计案例分析

CHAPTER 3 版式设计中的文字编排

1 这样的版式看上去舒服吗 before

（1）右图中，文字被放在了一起，整体呈现过于拥挤的状况。不经过思考的设计往往让人一看就能看出画面中的破绽，而这样做的结果就是使人的视觉收到密集性的压迫，影响读者的视觉心理。

（2）文字的字号、字体，行距、段距，文字与图片之间的留白处理等，每一个都可能影响版式设计的最终效果。

通过版式设计原理来个大变身 after

（1）右图中，左右部分零散的色条被做了拉伸，将中间的配图进行缩小，通过图形的调整，将零碎的页面重新变为一个有机的整体，使读者看到页面之后不会再觉得零散破碎，而是统一的整体。

（2）在文字的处理中，设计者将标题放大压到图片上。设计者重新调整字号、字体、行距、段距，并且调整图片和文字之间的留白，使文字部分和图片部分的留白距离恰当，缓和了读者紧张的视觉感受。

2 设计师的文字编排小贴士

设计师杨先生对版式设计文字编排理论的理解和建议：

问：杨先生，请问您是如何理解版式设计的文字排版的？

邱：我想这个事情有必要好好说一说，因为人们往往忽视这一部分的设计。看到页面时大多会被设计形式和好看的图片吸引，忽略文字的排版，而一个画面看起来的设计效果如何，除了本身图片的质量以外，更受到文字编排上的细节处理的影响。

1. 一般来说，我们在选用标题字号的时候，往往要比内文大很多，而且字距要调整得比较合适，因为标题是文章的门户，好的标题文字配合好的标题设计，才能在第一时间吸引读者的视线。标题也有很多设计方法，如选用不一样的字体，或者将标题做特效、变形，或者将其压到图片的边缘。

2. 在内文的排版过程中，字号的过大过小，都会影响读者的心理感受，在很多情况下，字号大一点会给人过于庞大的感觉，如果小一点，很多人感觉看不清楚，辨识度降低，所以一定要选择适中的字号大小。

3. 在字体的选择上，虽然很多字体看起来特别好看，但在实际使用过程中会给人过于花哨的感觉，

不利于阅读。设计时一定要区分书写字体与印刷体字的区别，在版式设计中，要着重考虑读者观看时的感受，不建议用过于复杂、影响阅读效率的字体。

4. 行距也是重要的设计元素之一。和字号一样，行距过大或过小都会影响读者的视觉心理。行距过大，会让人感觉比较松散，过密又会感觉比较拥挤，所以一定要选择一个合适的行距，这样看上去才比较舒服。

问：字号，行距过大过小对版式设计有这么重要的影响吗？

杨：当然，之前提到过，过大或者过小其实都是相对而言，并没有一个准确的规范性的数据，只是设计师在长期设计实践当中总结出来的一整套相对更适合的数据，很多时候还会受环境和材质的限制。在设计户外广告的时候，如果还是用书籍设计的字号大小，看起来就会小很多，必须走得很近才能看清楚。而如果在书籍设计中，采用跟户外广告类似大小的字号的话，同样会影响阅读，不仅看上去十分的庞大，而且给人浪费的感觉，整体阅读感受并不是很好。所以过大过小，我们都会有一个相对长期总结性的规律数据，例如书籍设计中，内文文字可能多会用到 8 号字体和 9 号字体，甚至精确到 8.5 号的字号，这样看上去会比较舒服。但如果 10 号或者 11 号的话，在同样大小页面中就会显得笨重很多。所以，根据一定材质，或者在一定的范围条件内，选择合适字号才是相对合适的选择。"

3 版式设计的文字编排讲解

字体的基本解析

在一个完整的版式设计中，图片和字体的版式同样重要，两者相辅相成，相得益彰。我们不能只注重版式设计中的图片设计，同样也不能只注重版式设计中的字体设计，要将两者有机地结合起来，将字体在版式设计中的重要作用彻底发挥出来。因为版式设计的首要任务就是传递信息，所以说文字的作用非常重要。在版式设计中，字体已经应用到了方方面面、各行各业，市面上看到的版式设计，基本都是由一些精心编排过的字体组成的，有的是经过选择，有的是经过艺术变形，不管怎么样，都是为了让人感受到版式设计中文字的魅力，同时配合精美的图片，将设计中想要营造的氛围发挥到淋漓尽致。我们将字体分为如下几类。

（1）**衬线字体**：衬线字体也叫作罗马字体，或者是装饰字体，是指在每一个字体的笔画开始部分和结束部分都有不同形式的变形作为装饰。这种装饰有的时候可能是像中文宋体字体一样在笔画首尾设计出来对称形式的笔画线条，或者是在字体的直线首尾中发生圆角变化、喇叭口形变化、收束变化，也可能是在每一个笔顺的设计过程当中，粗细和均匀度发生变化。衬线字体的特点是更加富有变化，整体字体样式和风格看上去更为丰富和美观。

（2）**无衬线字体**：无衬线字体在早期是指在英文字体中的一种字体，其特点是无衬线字体的开始和笔画结束的部分，没有装饰，没有圆角，没有转折，也没有扩张或者收口，每一个线条都具有相同粗细的宽度，整体看上去不是十分富有变化，但是异常简洁。后来经过发展也有中文的无衬线字体。最简单的中文无衬线字体和中文字体黑体类似，笔画首尾都有相同的宽度和曲律。

衬线字体　　　　　　无衬线字体

绝对无衬线黑体

喇叭口装饰黑体

圆点装饰黑体

● 两张图展示的是英文和中文的衬线字体与无衬线字体，通过观察红色圆圈里的图形，我们可以明显看出衬线字体与无衬线字体的区别

（3）**创意字体：** 中西方字体样式和风格庞大复杂，每一种字体背后都有一个庞大的字库作为支撑，而创意字体与衬线字体和无衬线字体的最大区别是创意字体是将字体本身视为图像或者图形，在此基础上，进行各种样式的变化、替换和改变。经过艺术设计处理之后的创意字体，视觉效果更加突出，突出了本身的图形艺术效果，并且可以作为某种带有倾向性的视觉符号。

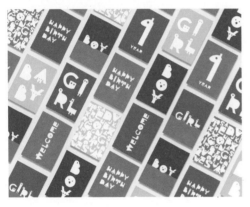

● 此案例展示的是英文的创意字体，设计者将英文字母变成儿童喜欢的创意图形，造型丰富，活泼可爱，拉近与儿童之间的距离，配以饱和度较高的颜色，深受儿童欢迎

● 此案例展示的是城市的创意字体，设计者将地域文化元素抽象为视觉符号，变成汉字中的一个独立部分，整体形成既有中国传统底蕴、又有设计感的城市创意文字

（4）**手写字体：** 手写字体顾名思义就是将版式设计中的印刷字体作为一种人为书写的字体去设计，也就是说，让印刷出来的电脑字体看起来像手写的书写体。这种感觉更加贴合人的内心感受，和平常工作、生活中的手写体接近，相比较而言更加的轻松、舒适和自在。而手写体有的时候也受工具媒介的影响，比如说模仿硬笔书法工具写出来的字体，就和我们平常看到的用中性笔或者钢笔写出来字体的感觉差不多，比较潇洒大方。如果是用毛笔写出来的字体，给人感觉就更加具有东方传统韵味，更加具有中国传统文化的艺术感觉。

● 此案例展示的行书，设计者将毛笔字迹的特点运用于汉字设计中，与主题十分接近，同时具有一种气势磅礴的感觉

● 此案例设计者将英文字体的每一个笔画都用软件以笔触的方式模拟出来，配合金色的搭配，使整体看上去像是手写字体，设计感酷炫十足

红透半边天的无衬线字体

在无衬线字体的发展过程中，有一种字体不断地被人们反复提及，这种字体就是 Helvetica 字体。Helvetica 是著名的西文无衬线字体，也是使用范围最广泛的西文字体。它于 1957 年由瑞士字体设计师爱德华·霍夫曼和马克斯·米耶丁格设计出来。Helvetica 字体具有典型的无衬线字体的特点，在笔画首尾部分没有过多的装饰与转折，粗细和宽度一致。Helvetica 被大量应用于标志、电视、新闻标题及商标中。

随着互联网时代的快速发展，近年来无衬线字体变得更为流行，苹果公司就是最好的例证。苹果产品采用的大都是无衬线字体，作为一种潮流的代表，极大地影响了无衬线字体的发展与应用。使其在数码设计、界面设计、游戏设计中都发挥了更大的作用。

另一个因素是现在人们生活工作压力比较大，很多著名的商业品牌都选用无衬线字体，这种不加任何装饰的字体，作为近年来流行的极简设计在人们审美上建立了广泛的客户群，同时在很多商业品牌的宣传使用上，比如像无印良品家的品牌，通过去装饰化的极简艺术风格，给读给用户带去更多贴近自然和保持本真的生活态度。

● 此图展示的是部分用 Helvetica 字体制作的 LOGO，这种字体被应用于：宝马、无印良品、雀巢、松下、微软、丰田、奥林巴斯、摩托罗拉、3M 公司等数百间国际企业的 LOGO 设计上

● 此页面是苹果公司的主页，图中可以看到，在字体的选择上，不管是标题还是内文，苹果都选用了无衬线字体。此外，苹果很少使用粗体，而多会使用中粗体或者细体等字体作为主要字体使用，而这也是苹果设计特色之一

● 此页面是无印良品公司的主页，从中可以看到，无印良品在字体选择上同样多使用无衬线字体，风格清新、自然、质朴、本真，除了 logo 的字体稍大之外，整体的版式十分注重留白，给人以舒适的感觉

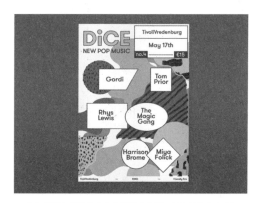

● 此案例是用常规英文字体设计的海报，因为字体中规中矩，所以设计者在图形上使用大量的异形图形和丰富的配色来衬托文字，避免了画面单调

不同字体对版式风格的影响

每一种字体都有自己独特的审美和氛围，长短不同，粗细不均，弯曲角度。每一个细微的变化都会影响读者看版式设计时的情绪，不好的字体设计会影响人们看版式设计时的信息接收，而好的字体设计不仅能使观者轻松愉悦地接受信息，而且会在观看过程中享受到一种审美的趣味。

（1）常规字体：常规字体包括衬线字体和无衬线字体，衬线字体更适合做标题应用于让人印象深刻的主要部分的文字，而无衬线字体更适合做内文，或用于说明解释类的文字。常规字体为最常见的字体适用的题材多样，场景丰富，范围广泛，人群受众也比较广泛。

（2）非常规字体：非常规字体并不是说字体有多么不正常，而是说非常规字体在维持百分百长宽比的常规字体而言，更加注重艺术特效和创意。我们之前讲到的创意字体和手写字体都算非常规字体。这里需要发挥设计师的创意、想象加创造力。

● 此案例是用非常规字体设计的海报版式，设计者将画面中的主题元素拼成汉字，同时用解构的方式将整个页面的汉字重构，使画面更具创意

● 此案例是常规日文字体的海报，设计者在标准日文字体之下用了丰富的颜色，并以具有层次感的图形作为装饰，画面整体设计感十足

● 此案例是用非常规字体设计的演出海报，设计者将画面中的主题内容提取成艺术化处理的笔画，用一种意象的朦胧处理手法，将整个海报的意境直观性地展现出来

根据内容与主题选择合适的字体

在讲解如何选择合适字体之前，先来谈一下西文字体和中文字体的差别。因为西文字体和中文字体受历史、地域、文化等相关因素的影响，所以每一种字体给人的视觉效果都不尽相同。

（1）**按照文章内容选择**：从文章结构上来讲，标题是人们第一眼看到的文字，因此要选装饰性偏强一些的字体，标题上主要应选择宋体、黑体、粗黑体为主的字体。在内文字体选用上，英文内文主要以黑体和细黑体为主，因为黑体不注重装饰效果，更加注重阅读的效率，所以说要选用无衬线字体。整体而言，虽然中文字体和西文字体应用形式有些类似，但是在选择上中文字体相对更丰富一些。另外在配图文字或者注解说明性的文字上，也可以选择宋体或者楷体一类的注重装饰性的文字。

（2）**按照主题来选择**：这一类选择相对而言就更加丰富了。因为主题分类比较广泛，既可以按照性别分类，又可以按照年龄段分类，也可以按照行业属性分类，而每一个划分之下又有着很多更细致的划分，所以在字体的选择上会更加丰富一些。比如说，面向男性为主的版式设计或者宣传品可以采用一些加粗加重的字体，让整体显得阳刚一些，这样更符合于男性的视觉特征。而在面对与女性相关的版式设计和产品中，可以选择一些更加柔美的字体，如选择在笔画的首尾加入有一些曲线变化的字体，这样更符合女性的审美。而面向儿童的版式和产品中，应以圆体为主，因为儿童对圆形更感兴趣，所以带有圆角的字体更加适合儿童的视觉设计。

（3）**按照行业来选择**：上面说的是按照性别和年龄段来划分，如果是按照行业来划分的话，其划分的种类就更加细致一些。比如说在面向房地产相关行业的版式和产品中，就可以选择一些，粗一点的黑体，这样做符合房地产本身建筑物的自身属性。再比如说在互联网行业可以选用一些细体，或者是稍微特别一些的字体，这种字体可以是粗细没有特别均匀，而字体也可以带有一些倾斜角度的变化，这样都是符合互联网整体快速发展行业的属性。所以我们在面对不同主题和内容的情况下，一定要根据具体情况具体分析，在准确传达信息的同时，选用更加符合主题和内容的字体。

● 此案例设计者用对齐、排比的方式，将字体变化成产品，既保留了汉字的结构特点，又具有产品本身的属性特点，同时配以单一的颜色，使整个公司的极简风格传递得十分到位，让人印象深刻

● 此案例是以女性为主的时尚类页面，设计者选用具有女性化特征的字体，并用大量的曲线和圆形进行设计，使画面更符合女性的视觉心理

● 此案例是汽车行业的宣传海报，在整体版式设计上以汽车全景图片为主，同时配以拉伸的宋体，减少了粗黑体带来的笨重感，同时很好地传达出灵巧感与速度感

● 此案例是房地产行业的宣传页面，设计者在暗色调的背景下，采用了以粗体为主的字体，这样做既符合建筑本身给人的稳重踏实感，同时又很好地展示出公司注重品质的风范

● 此案例是游戏行业的版式设计，设计者除了采用游戏中的人物以外，还将字体设计为斜体，并且用笔画尖锐的方式，展现出游戏给人的紧迫感和速度感

字号、字距与行距的设置

我们在设计版式的时候，字号、字距与行距，同样需要重视。有一个词语叫作"牵一发动全身"，这个词说明字号、字距与行距的重要作用。标题和内文要用几号字体？每个字和每个字彼此之间的距离要留多少？留多一些还是少一些？两行字之间要留出多大的宽度？每一个细微的决定都会影响最终版面的视觉效果。

如果我们把整个版式页面划分为有无数个正方形网格的页面，如下图所示。每一个字占据的面积是一个或者几个格子，字和字之间所间隔的格子，就是彼此之间留白的空隙与距离。如果将细分的格子作为其中一个最微小的构成元素，那么这个版式页面包含了数量不等的构成元件。而留白的距离可以是单独一个字所占据格子的大小，也可以是一行字所占据格子的大小，字距和行距彼此之间的距离，彼此之间的留白，都会影响最后版式的视觉。字号大一些，占据的网格就大一些，字号小一些，占据的网格就小一些。从另一个角度看，把字视为小格子，大面积的格子所组成的面积可以视为版面设计中的图片或者图形，这就要求我们利用版式设计原理不断来调整合适的字号、字距与行距。

● 此案例将主要的标题文字组成了一副对角线构图的页面设计，通过字体本身，将画面简洁的形象展示出来，字号极大突出，字体选用简洁，十分具有日式的传统特色

● 此案例中标题占据了页面较大的网格面积，极具吸引力，同时与下面文字采用的是 1 倍行距，整体呈现倒梯形的网格形状

● 此案例设计者采用分层的网格结构，将大面积的图形放到页面上边的网格，将文字放到中间和偏下的部分，并且在上下加入色块，画面既对称又有冲击力，整体页面设计感十足

注意字体的易读性

我们在选择字体的时候，不可以想当然地选择，不能单方面认为好看的字体就是好的，而应该把眼光放到整个页面当中，根据设计原理、经验，及页面信息面对的受众、行业等来选择更合适的字体。所以在选择字体的时候，一定要将读者的需求放在第一位，选择相对更为合适的字体，更具有易读性的文字，让读者更容易接受文章的信息。

● 此案例是注意文字易读性的一个典范，因为在颜色上采用的是彩虹色，整体看上去相对花哨一些，但是设计者用较浅的标题文字颜色与背景做了一个明显的反差，这样就既保持了整体页面的美观性，又注重了字体的易读性

● 此案例设计感十足，同时注重了文字的易读性，设计者将文字放到主要画面元素的左右两边。同时整体画面运用三种颜色，将图形、文字和意境很好地表达了出来

段落与栏宽的统一性

在系列专题或者连续统一主题页面的设计中，段落之间通常要有一定距离的留白。如果页面数量较多，就要注意同一个主题之下留白的距离要一致。这里留白要注意的不仅仅是宽度的大小要合适，也要注意每一个段落之间的留白也要保持一致。读者在观看页面的时候，会有一个短暂视觉连续性的习惯，如果看到前面的段落和行距及栏宽一致，而之后的行距及栏宽不一致，就会潜意识认为不是同一篇文章。所以为了保持文章视觉上的一致性，同一个主题下的行距及栏宽要保持一致性。

● 右图设计者十分注重段落与栏宽的一致性，在每一列的段落之间，加入的栏宽宽度几乎一致，同时用数列排比的形式，将栏宽的一致性很好地表现出

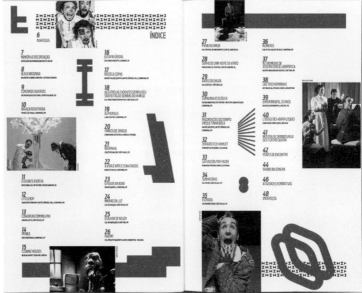

● 右图是文字较多的页面设计，虽然文字较多，但在保持段落宽度一致的情况下，整体看上去具有同样的统一性。值得注意的是段落留白一致，这样避免大量文字带给人的压迫感

把握中文与英文的区别

我们知道中文与英文差别非常的大，英文只是 24 个字母，不管什么样的文章，都是这 24 个元素的组合，相对来讲构成元素会少一些，而中文相较而言更加的复杂。中国汉字数量和字体变化十分繁多，而且划分出不同的系统，每一种字体都会给人不同的感受。之前已经讲到如简单的黑体、宋体、楷体的简单使用方法。我们在以中文为主的版式设计中，要注意英文是中文的搭配，不能本末倒置，主次不分，没有必要把英文放得很大。但是以英文为主的文章中，尽量就不要出现中文字体，要根据题材、受众及行业属性等来选择不同的中英文字体，做出恰当的选择。

● 此案例中的文字和图像搭配得十分恰当，因为图像本身具有冲击力，所以设计者在英文字体的选用上并没有用过于花哨的字体，简单的字体才能更好地衬托出图片的魅力

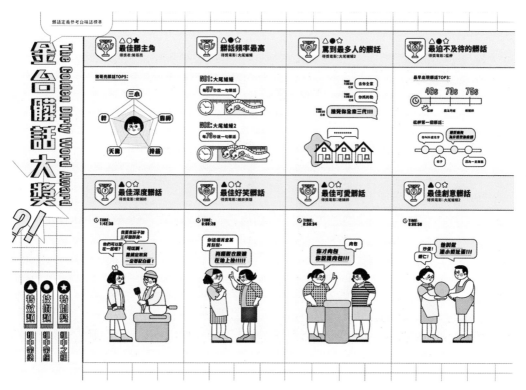

● 此案例中文字和插图搭配得十分恰当，设计者选用了动漫插图，同时搭配一些比较卡通化的字体，使画面更清晰，让人感觉轻松舒适

让读者在阅读时可以舒适地呼吸

所谓让读者阅读时可以舒适呼吸，就是指让读者在阅读中感受到阅读的愉悦、畅快，所以在设置字距、行距和段落的时候，一定要注意彼此之间的间隙，要留得恰当。留白能给读者提供一些想象的空间，会让人感觉富有韵味。对文章字数少一些的页面，我们就可以充分利用留白手法，让画面充满张力。如果文章字数较多，就要通过对齐的方式，保持一定的字距、行距宽度及栏宽，使页面看起来更加清爽。

● 此案例是英文留白的版式页面，画面整体层次清晰，颜色对比强烈，留白的面积大小适当，让人既觉觉到设计感，同时十分舒适自在

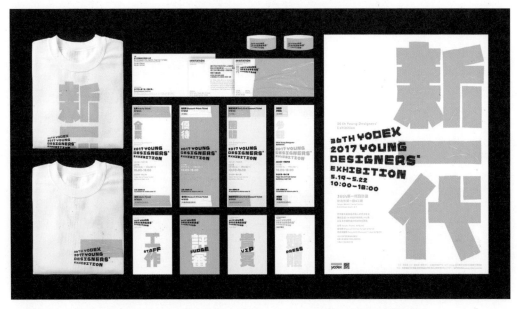

● 此案例是中文留白的版式页面，设计者用对比强烈的颜色和适当留白，让人感觉到画面所传递出来的青春气息

发挥想象力进行字体大变身

很多时候可以对主题性的文字或者标题文字进行一些创意改造，通过丰富的设计手段，不管是对齐、拉伸、连接、扭曲、倾斜还是替换，只要可以利用艺术手段使字体创意变身，并且让字体和页面看上去美观大方，就是一个成功的创意字体设计。但是同时也要注意一些不利因素，如不能在进行艺术创意之后，让读者看不明白文字，还是要以易读性为前提进行合理的创意改造。在这里我们要多观摩国内外大量优秀的字体设计作品，吸取经验。

● 此案例设计者运用与主题相符合的创意图形，拼接成了画面中的主体标题，既给人强烈的视觉震撼，同时使画面具有传统文化元素

● 此案例设计者用倾斜的标题走向和中空管状字体，组合成与主题相符的标题设计

● 此案例是涂鸦式的字体变形，设计者用曲线线条和粗细不均的笔触，构成整体的字体设计，让人感觉酷炫十足

4 注重文字编排原理的优秀案例

● 此案例计者用对比的方式，既让读者注意到左边插图的动态，又注重到右边版式的规范。画面中，不管是标题的设计还是段落的行距设置，都十分出色，对比感强

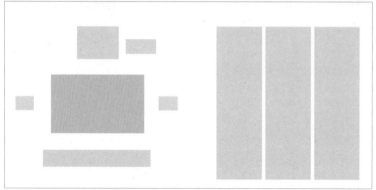

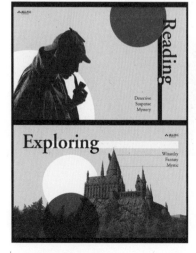
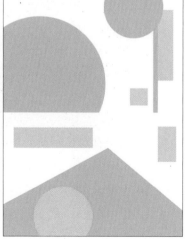

● 此案例是连续页面版式设计案例，设计者用较大的标题字体和对比强烈的红蓝色系，让人感觉画面充满神秘感，同时具有一定民族特征

● 此案例中的文字繁多复杂，这样的页面设计，一定要注意规范性，用同类对齐和保持行距一致的前提下，用连贯性的页面设计，让整个页面尽量保持简洁

● 此案例采用黄蓝对比色，并且选用配合了插图形式的偏向儿童化的字体，给人感觉充满童真童趣，画面充满了趣味性

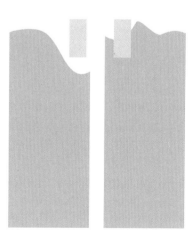

● 此案例整体画面协调统一，内文行距保持一致，整体具有强烈的统一性

5 优秀的名片设计案例分析

● 此案例是名片设计，设计者用黑色与红色做对比，在图形上加入了简洁的文字既留有了一定空白，又给人很高的品质感

● 此案例的名片设计十分清新，设计者将一些图形作为主要的视觉元素，将文字散落在图形四周，这样既通过图形抓住人的眼球，又在细节处打动人心

● 此案例很好地展示了具有民族特色的名片设计，设计者以大量留白以及具有日式特色的红色圆形为主要的元素，通过文字的摆放让画面充满了东方禅味

6 优秀的折页设计案例分析

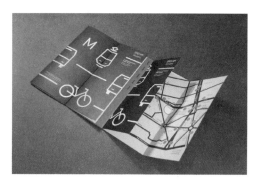

● 此案例设计者通过黑白红色三色对比，在页面上加入了简单的线条几何图形，具有斯堪的纳维亚极简的设计风格

● 此案例是异形的折页设计，这类设计可通过外形来吸引读者，设计者通过文字的大小对比及图片的颜色对比，给人留下了深刻印象

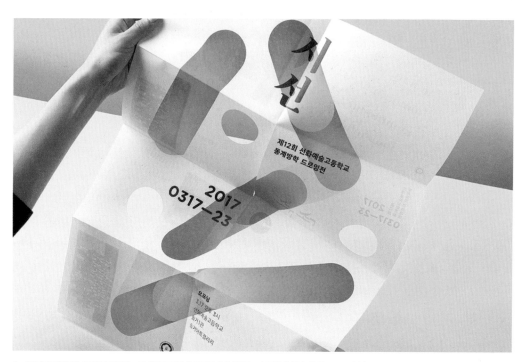

● 此案例是镂空处理的折页设计，这类折页设计区别于传统折页，它可以将很小的面积展开为较大的面积，并且进行了巧妙的镂空设计，将整体折页的设计感十分出色地传达出来

7 优秀的包装设计案例分析

● 上图是女性用品的包装设计，设计者在外形上采用具有稳定性的三角形，同时在版面设计上运用简单的几何图形和文字，使缓显得简洁、时尚

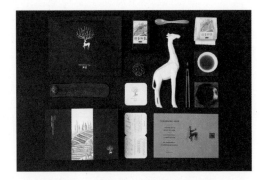

● 上图是食品类的折页设计，设计者通过大面积的黑色，同时配上清新的特色造型，给人低调奢华的品质感

● 上图对留白做了最大化的处理，只在页面的中间部分加入了标题文字，用最简单的黑白对比，将产品特色展现给消费者

8 优秀的书籍设计案例分析

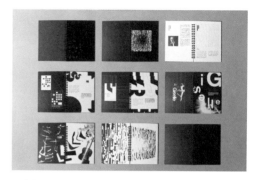

● 此案例中的封面设计十分注重细节，设计者选用独具特色的图形并搭配合适的细体文字，整体层次分明，重点突出

● 此案例很好地展示了页面的连续性，设计者运用黑白两种颜色和具有冲击力的变化图形，对整个书籍的统一性做了精彩的演绎

● 此案例中设计者通过镂空的工艺处理、函套的设计及饱和度极高的颜色，使书籍极具时尚感

CHAPTER 4

版式设计的色彩运用

1 这样的色彩运用看上去舒服吗 before

通过版式设计色彩原理来个大变身 after

2 设计师的版式设计色彩运用小贴士

3 版式设计的色彩运用讲解

4 优秀的版式设计色彩运用案例分析

CHAPTER 4   版式设计的色彩运用

1 这样的色彩运用看上去舒服吗 before

（1）右图是科技类公司的企业宣传手册封面，封面上主要的颜色是白色加上企业标识的蓝色和绿色，通过大面积的白色底色反衬蓝绿，但是由于白色是纸色，整体颜色搭配不够鲜明突出。

（2）封面上色块整体为长方形，感觉中规中矩，不够具有活力，不管是在形状还是颜色搭配上，都不能给人留下深刻的印象。

通过版式设计色彩原理来个大变身 after

（1）从右图中可以看出，设计者对在整体版式设计进行了较大的变动，将原来的矩形变为圆形，使画面更为活跃，同时在配色上进行了较大的变化，用绿色渐变作为大面积的底色，白色作为配色。

（2）大面积的绿色渐变给人较为强的视觉冲击力，标识更加凸显，圆环的白色活跃了版面的气氛，整体特色鲜明，主题突出。

2 设计师的版式设计色彩运用小贴士

问：常先生，您对版式设计的色彩运用有什么心得？

常："很多人在谈到色彩的时候，会不知道如何下手。这么多颜色，到底选择哪个才合适？

选择这一个，感觉不对，然后选择另一个，用很多个颜色配来配去，用了很复杂的颜色，到最后，不仅使整个画面看起来十分凌乱无章，而且重点不够突出，使人忽略了版式设计所要传达的重点信息，这样做，不仅在选择的时候没有头绪，最后也达不到想要的效果。在我看来，在设计的时候，一定要做出合适、合理、合情的判断。这个判断包括对于信息传达背后的要求，对于所要传达的受众背景的理解，以及整体色彩的感觉。如果在设计一个女性宣传用品时，大多使用一些冷色调，就算最后结果看起来很好看，但是这种颜色选择不是十分恰当，这就是一个不合适的选择。所以我们选择一种颜色或者某几种颜色时，一定要做出一个综合判断，既要符合本身信息宣传的要求，也要符合受众审美的要求。"

问：您刚刚提到了合适的色彩，那什么样的色彩才算是一个合适的色彩呢？

常："我这里讲到的合适的色彩只是相对而言，这里面包含了两方面，不仅要适合版式设计所传达的信息主体，同时要适合所要宣传的对象。就像我刚才说的，如果在做一个女性宣传品的版式设计时，使用较多的蓝色、绿色，尽管最后色调搭配可能会比较舒服，但是对于女性而言，这种颜色并不十分合适，这时适宜选择粉色、紫色、红色、黄色等颜色作为主体主要颜色，然后选择一些其他的颜色作为配色进行点缀。当然，这是常规的做法，但反过来，如果这个品牌或者企业本身表达的理念比较前卫大胆，就可以反过来搭配设计，将一些前卫新潮的色彩搭配运用于对于女性而言不太熟悉的颜色，大胆运用，比如说黑色，青色等。所以适合是一把双刃剑，要综合考量的因素还是比较多的。"

3 版式设计的色彩运用讲解

色彩基础小知识

色彩来自于自然界,自然界的色彩变化无穷,丰富多样(如图右1)。版式设计颜色的基础就来自于这变化无穷的颜色。只是版式设计的颜色,在此基础上经过设计师不断演变,最终更为人理解和接受,更符合人是视觉感。版式设计的颜色名字叫做色卡(如图右2)。色卡是在自然界颜色的基础上提取出来的具有统一标准的颜色规范。色卡上有无数种颜色,每一种颜色在印刷上都对应了统一的色号,也就是色值。色值有具体数字规范,是设计师和印厂之间沟通的重要桥梁,是设计师和客户的重要沟通形式。版式设计常用的国际通用色卡是PANTONE色卡(如下图)。

● 自然界的色彩变幻无穷

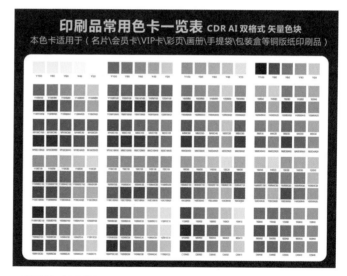

● 常见的印刷色卡模式

● 潘通色卡的示意图

（1）色彩的属性和色调

色彩有三大属性，分别是色相、明度和纯度，这三个属性称为色彩的三属性。如右下图所示是在PHOTOSHOP里的三属性示意图。

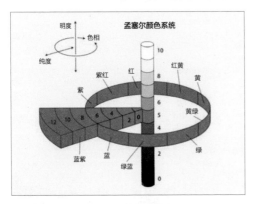

● 上图中的孟塞尔颜色系统是色彩属性的立体模型展示图

● 在PHOTOSHOP里，色相、饱和度和明度都可以分别调整

色相：简称H。色相是色彩的相貌，决定了这属于哪种颜色，是色彩的最基本特征，同时也是最重要的特征。红、橙、黄、绿、青、紫这六个颜色是六大基本色相。如果在两个色相中间加入色相的话，分别是红橙、橙黄、黄绿、绿青、青紫、紫红，这12个颜色形成了色相环（如右图），也就是按照顺序把这几个颜色排成一个圆环。

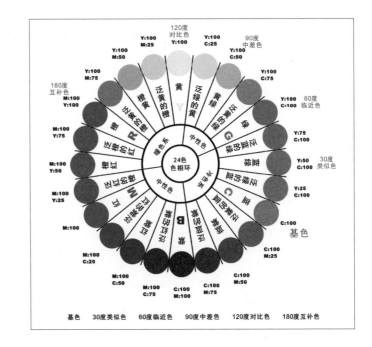

饱和度：饱和度就是指色彩的鲜艳程度，简称S。打个比方，越新鲜的蔬菜颜色就越新鲜，越枯萎的蔬菜颜色就越灰暗。饱和度还有另一种说法叫色彩鲜艳的程度，饱和度最低，色彩的鲜艳度为0。

明度：明度就是色彩明亮的程度，简称B。颜色越白说明颜色明度越高，颜色越黑说明颜色明度越低，所以说最高的明度是白色，最低的明度是黑色。举个例子，光照特别强的地方就会发白，而光照特别暗的地方就会发黑，所以光的强暗也就代表了光的明暗，这和色彩的明度是同一个道理。

色调：色调是指颜色的明暗程度，也指画面中色彩的总体倾向。色调可以分为很多种，如光源色调就是指在光线的照耀下物体的色调；固有色色调就是指物体或者场景最基本、最原始的色调；高调

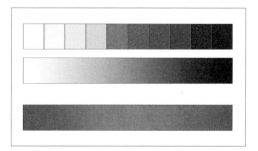

● 此图是从左边高明度到右边低明度的变化情况

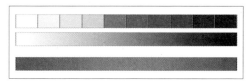

● 此图是从左边高明度到右边低明度的变化情况

色调就是指颜色比较清新，淡雅的色调。低调色调是指颜色比较浓重，浑厚的色调。

（2）版式设计色彩运用原理

版式设计的色彩运用应该符合以下几个原理要求：

简洁：版式设计的配色一定要简洁，看起来简单、明了、大方。最好在版式设计中确定一个主导色，然后加入一到两个配色。整个版式设计整体色彩数量最好不要超过三种。如果超过三种颜色的话，可能会使整个版面设计看起来色彩搭配很乱。黑色、白色、灰色为消色不算，在三种色彩里面，整体的搭配一定要风格统一。

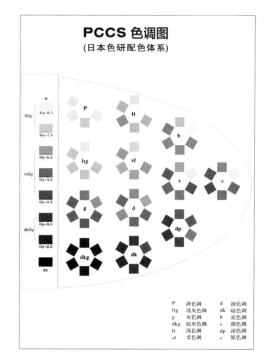

● 此版式是红色为主导的版式设计配色，配合夸张的人物形象，让人感觉印象深刻

● 此版式是蓝色系和绿色系双色主打的版式设计视觉系统，整体风格干净、简洁、干练，表现出很好的商务特性

● 此案例是三色为主的封面设计版式，整体用一种抽象化的图形和颜色，表达出其信息本身的主题

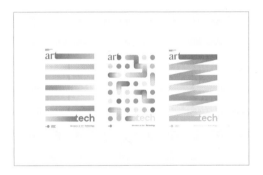

● 此案例是艺术性十足的海报，虽然整体看上去配色较乱，但是每一种颜色不管是过渡色还是纯色，都符合一定的逻辑性

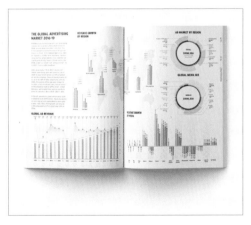

● 此案例是表格视觉设计，蓝色和紫色很好地传达了表格的逻辑信息

逻辑： 版式设计配色的逻辑性是指在页面中一定要符合一定的逻辑，具体来说就是同一部分的内容要用同一种颜色，不同部分的内容用不同的颜色，大标题跟副标题、副标题跟解释、注释，以及和内文之间的颜色，都要有一定逻辑性，而且要保持统一的风格，不能过于混乱。在同一主题下，标题为同一颜色，副标题保持同样的颜色，内文保持同一种颜色，注释和详解保持同一种颜色。

和谐： 有一些颜色的搭配在版式设计中，让人一眼看上去会感觉十分不舒服，造成心理负担，给人造成视觉上的不适感，同时影响信息接受度。所以在选择配色的时候，一定要注重颜色的和谐性，千万不能选择差别过大的颜色，或者说看起来十分不协调的颜色，在这里我们可以选择一些近似色、同类色，根据对比色和互补色等相关颜色的原理，在版式设计中进行最合理、最和谐、最舒服的搭配。

● 此案例是人物为主的系列海报设计，整体人物保持统一风格的颜色设计，背景保持统一风格的颜色设计，整体逻辑性强

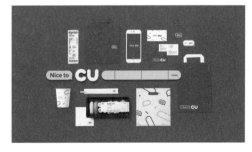

● 此案例中紫色系为主导配色，绿色系为辅助配色，整体使人感觉清新时尚，具有一定的潮流特征

版式设计的
色彩系统

版式设计的色彩系统是按照使用习惯和呈现方式来决定的。版式设计色彩系统分为实体印刷色彩系统，网络及智能手持设备色彩系统。印刷色彩系统叫 CMYK 四色印刷，是由 CMYK4 种实体油墨印刷而得名。网络及智能手持设备色彩系统为 RGB 光原色系统，在有光源的地方才会显示出颜色。所以我们在面对不同方向的设计时一定要使用正确的色彩系统，如果我们要做和版式设计相关的设计时，一定要设成 CMYK 模式，如果是网页设计或者手机智能手持设备的相关设计，就可以调整为 RGB 模式。

● 此案例是儿童医疗相关的包装视觉设计，设计者以蓝色系为主，同时用蓝色近似色作为辅色，表达了安全健康主题

● 此案例设计者采用对比色为主的版式设计，用降低饱和度的方式，给人和谐的感觉

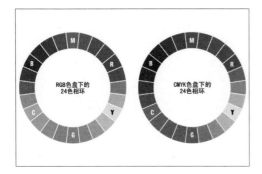

● 上图是 RGB 模式和 CMYK 模式下的色环图

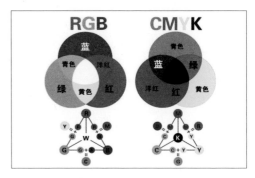

● 上图中，RGB 模式经过光源的照射，最终显示为白色，而 CMYK 模式经过四种油墨的印刷最终颜色为黑色，这是很好区分两种模式的最大的特征

让人感觉舒适的版式色彩运用原理

对于儿童、女性等客户，以及教育、医疗等相关行业，应选择让人感觉柔和舒适的板式色彩。让人看了之后，在心里产生一种亲切、自然的感觉。要让人感觉舒适，应多运用同色系。因为同色系属于单一色彩或者单一配色的一种，色彩相近，可展现出一种自然和谐的美感，在版式中看上去比较舒服大方。很多日系色彩设计或者北欧色彩设计常常会使用这种上色形式，缺点是有的时候显得有一些呆板，视觉冲击力不够强烈。

● 此页面是面向女性客户的版式设计，设计者用低饱和度的粉色系来表达女性柔美的特征，整体颜色搭配柔和、清新，符合女性的视觉感受

● 此页面是以音乐和慈善为主题的版式设计，设计者用比较柔和的颜色，传达出人们对生活的向往，用这种颜色传达爱心互助的理念

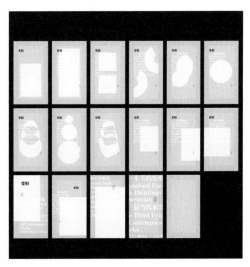

● 此案例是展览的系列海报版式设计，设计者用黑、白、灰三种消色表现出了清新、淡雅、高贵的风格

让人感觉刺激的版式色彩运用原理

让人感觉刺激的版式设计，大多应用于男性等客户，以及互联网、体育等相关行业。这一类特点是要让人观看之后，在脑海中产生一种强烈的视觉冲突，在这一类让人感觉刺激的版式设计运用中，主要运用的是对比色和互补色。因为对比色和互补色反差比较大，整体色彩之间相互衬托，反差十分明显，可以形成十分强烈的视觉冲击效果。

● 此案例是系列海报设计，设计者用对比强烈的高饱和度颜色，配合人物夸张的表情，传达出一种诙谐、幽默的感觉，整体视觉效果十分突出，风格高度统一

● 此案例设计者将画面中的主要图形元素与背景做了一种大胆的配色尝试，对比强烈的颜色搭配反白的文字，整体让人感觉十分震撼

● 此案例设计者用高纯度的颜色对比，结合画面中的卡通形象，画面整体诙谐、风趣，让人过目不忘

培养版式设计色感的小诀窍

很多时候我们在选择颜色时，可能会无从下手，不知道选择什么样的颜色合适，也不知道选择什么样的颜色可以更准确地传达信息，也不知道选择什么样的颜色可以更让客户喜欢，更容易接受。这主要是因为我们对色彩的感知能力偏弱，对于色彩的把握和整体风格的形成，以及彼此之间的协调关系，掌握得并没有那么熟练，在这里和大家分享一个小技巧，掌握好这个技巧，不仅可以积累很多经验，而且可以帮助我们建立一个属于自己的色彩搭配库。这个色彩搭配库可以应用于很多相关的版式设计中。

这种方法就是先选择自己喜欢的图片建立一个图片库，然后从图片的颜色上吸取自己想要的颜色。吸取颜色的时候要注意，至少要吸 3 到 5 种颜色，也就是说，要在这个图片的高光处吸取 1 到 2 种颜色，在图片的暗部吸取 1 到 2 种颜色，从图片的过渡色吸取 1 到 2 种颜色，这样我们就可以在不同明度和不同色相的颜色上，建立自己的色库。或者也可以吸取这个图片上反差较大的颜色，或者自己喜欢的颜色，建立自己喜欢的色库。

● 两张图下方的提取色，就可以作为素材库，在以后的版式设计中结合主题应用，这种方法特别适合日常积累，可在培养色感的同时积累色彩素材。

选择合适的色彩更重要

　　每一种色彩都有自己的属性，每一种色彩都可以代表不同的感受，不同颜色在不同情况下有不同的使用方法，不能根据自己主观的想象去使用颜色。而是应该根据行业属性、性别属性、职业属性、产品属性等来决定到底使用哪一种颜色。举个例子，在面向女性客户的某种化妆品的颜色使用上，通常应选择红色系、粉色系等。但如果这个化妆品面向的是年龄偏大的用户的话，我们就应选择饱和度偏高一点的红色系，如果在面对年轻女性客户时，我们所选择的颜色应以粉色系、青色系为主。所以哪怕是同一种颜色，我们也要根据产品行业、用户性别、产品等综合考量，最后才能选出一个适合的颜色。

● 此案例是以医疗为主题的连续页面版式设计，设计者用黄色和蓝色对比色，传达出医疗行业健康的主旨

● 此案例是以汽车为主题的连续页面版式设计，设计者用黑色和低纯度的颜色搭配，表现出汽车奢华的品质感和高贵感

● 此案例是以建筑业为主题的连续页面海报设计，设计者以低饱和度的颜色为主，用饱和度高的颜色作为配色，整体给人踏实、稳重，又不失视觉表现力的感觉

● 此案例是以体育业为主题的连续页面海报设计，设计者对比以强烈的黑白颜色为主，搭配一点饱和度高的绿色作为配色

4 优秀的版式设计色彩运用案例分析

● 上图是系列书籍的封面设计，整体色彩搭配稳重又不失清新，虽然色彩差别较多，采用得色彩较多，但是因为整体属于低饱和度色调的颜色搭配，所以风格比较统一

● 上图是以卡通形象为主的文创产品系列设计，设计者在颜色搭配上采用了比较流行的马卡龙配色，以粉色系和青色系为主，配合一些饱和度较高的颜色作为辅色，整体生动、幽默

● 上图采用了对比强烈的黑白色作为主色，将整个版面分割成一半一半的形式，视觉效果和谐，配上橙色系作为辅色，对比更为强烈

● 上图设计者用低饱和度颜色和高饱和度的颜色做对比，一方面增强了系列配色的对比，一方面在整体形式上形成让人过目不忘的视觉效果，形式感高度统一

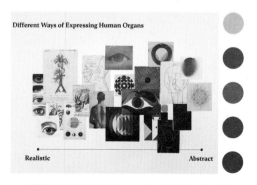

● 上图整体采用低饱和度色调为主的色彩搭配，整体给人稳重的奢华感，同时配合低饱和度色调为主的图片，整体给人一种高端的奢华感觉

● 上图整体采用低饱和度的色彩，这是近年来比较流行的色彩搭配，在视觉上给人舒适感，艺术性

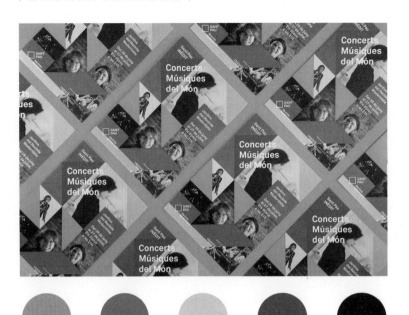

● 上图整体色彩搭配十分
活跃，设计者用饱和高
较高的色彩作为画面的
主色，将图片的色调处
理成统一的低饱和度色
调，一亮一暗，用这种
反差突出版式色彩搭配，
画面充满动感

● 上图设计者采用红黄蓝
三原色作为主要色系，
同时降低了整体色彩的
饱和度，给人一种柔美、
朦胧的感觉，让人感觉
舒适、和谐

CHAPTER 5

新媒体的版式设计

1 PPT 的版式设计

2 网页的版式设计

3 UI 界面设计

4 APP 图标设计

5 游戏的界面设计

6 漫画的版式设计

CHAPTER 5　新媒体的版式设计

1 PPT 的版式设计

这样的 PPT 版式设计看上去舒服吗 before

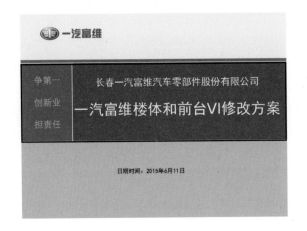

① 颜色搭配有些灰暗，灰色的部分有些重，和蓝色的对比不够强烈

② 主题不够突出，主标题的整体编排有些偏小，和其他内容区分不够明显

③ 整体视觉冲击力不强，整体的板式编排视觉冲击力也不够强，艺术感稍弱一些

④ 字体选用太单一，同一种字体让版式看上去过于平淡，无法给观者留下深刻印象

通过版式设计原理来个 PPT 设计大变身 after

① 对应颜色：减少灰色，增加蓝色，同时用背景来衬托主体的颜色。

② 对应主题：得主标题的区域放大，占据画面中的主要位置，突出主题。

③ 对应整体：字体的粗细对比与颜色比率的对比，都让画面在保持简洁的前提下充满冲击力。

④ 对应字体：让最重要的内容在画面中占有最重要的位置，这样才可一眼看清中心内容。

设计师的 PPT 设计原理小贴士

设计师杨女士对于 PPT 版式设计理论的心得：

问：杨女士，请问您是如何理解 PPT 版式设计原理的？

杨：相较于 PS、AI 这些设计软件，PPT 的使用频率更高，也许你不会使用专业的平面软件来进行设计和沟通，但是 PPT 极具便捷性，企业、大专院校、工作汇报等基本上都用 PPT，这是必不可少的传达信息的工具。很多人在设计 PPT 时极尽所能，恨不得用上所有的特效，让人看上去眼花缭乱，殊不知这是一个大忌，没有从对方的体验角度去考虑。要在有限的时间有效传达信息，简洁的设计才是王道。切忌不要从 Word 中粘贴到 PPT 里，然后照着 PPT 念，让 PPT 成为演讲的全部。比较好的方法是设置提纲，把主要问题和问题的主线、关键点放映出来就行。这样可以自由发挥，形成台上台下的互动，也好控制时间。试想，全部照着念，万一时间没把握好，就不好控制了。提纲式就不一样，可以多讲，也可以少讲。实在是怕一紧张忘记了怎么讲，可以打印一份讲稿放在旁边，讲稿结构与幻灯片一致，确保不失误。

请记住：PPT 一定要简洁，它只是思路的表现，重点在于演讲人自己的表述，而不在 PPT 中要描述的内容。切忌在幻灯片中放入大量的说明文字，它只是演讲的一个有效补充。

问：那 PPT 版式设计还有哪些需要我们注意的地方？

杨：很多还有需要注意的地方，如色彩搭配。如为企业汇报做 PPT，本来企业 VI 里边就会有固定的搭配颜色，如果再加上很多其他颜色，或是说加上很多为了绚丽而加入的颜色的话，整个 PPT 会显得琳琅满目但是主次不分，进而影响到标题和阐述文字之间的关系，很难将真正要表达的内容表达清楚。此外，还有一个需要注意的因素，这个因素很重要，不像视觉设计可以通过短期突击就能够解决的，也是很多人容易忽视的，那就是 PPT 的逻辑关系。PPT 中的逻辑涉及三块内容：篇章逻辑、页面逻辑和语句逻辑。就像看书先看目录一样，看 PPT 也可以从目录看出它的好坏，这就是篇章逻辑。由浅到深，层层递进，注意前后的顺序关系和彼此之间的因果关系，这样才能够把整篇 PPT 的骨骼建立起来。

请记住：篇章逻辑是 PPT 逻辑的底线，页面逻辑需要经验的积累，语句逻辑需要积累和自己的领悟。

优秀的 PPT 设计案例分析

（1）
此案例为有中国水墨写意风格的 PPT 设计，具有东方写意的特色，可以加强民族化、本土化意识

（2）
背景选用符合主题的图片，经过润色与加工，在构图上形成对角线构图，彼此互相辉映

（3）
在颜色选用上选择符合主题茶叶本身的绿色系，给人清新淡雅的感觉，如茶香般怡人

（4）
整体风格简洁淡雅，主题突出，具有沁人心脾的清透感

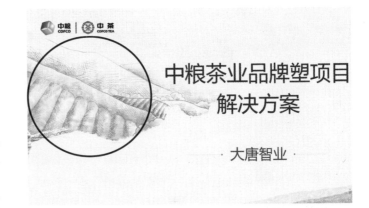

（1）
此案例设计者选用符合主题的图片，放置在黄金分割线上，使其更为突出

（2）
具有日式极简风格，整体为居中构图，符合品牌传达的简洁至上的概念

（3）
选用大面积的黑色，搭配白色和点睛的红色，对比极其强烈，视觉效果突出

（4）
整体风格庄重典雅，特色鲜明，具有深邃的厚重感，让人心生敬畏

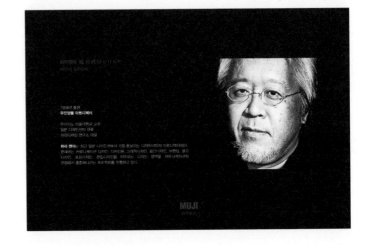

（1）
此案例为欧式极简商务风格的 PPT 设计，扁平化的设计风格符合时下的设计趋势

（2）
设计以图表和数据为主，分区清晰，一目了然，直击信息要点

（3）
选用以商务特点为主的蓝色和灰色系进行搭配，视觉效果舒适，不易造成视觉疲劳

（4）
整体以扁平化矢量图形为主，这也是以表格和数据为中心的 PPT 常见的设计形式

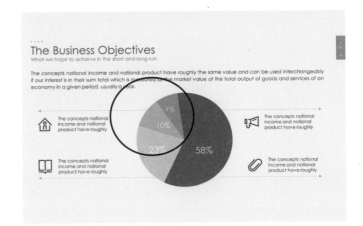

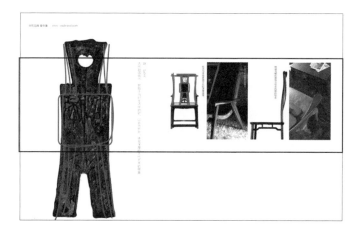

①
此案例设计者在颜色选用上采用重 – 轻 –
重 – 轻 – 重的韵律，在主图和配图之间加
入文字过度，对比强烈

②
这是展示中国传统文化产品的 PPT 设计，
主体和细节对比呼应，图片比率合适

③
画面着重展示产品，整体简洁大方同时不失
艺术韵味

④
整体风格庄重大气，主体突出，通过历史文
物的演绎让人感受到浓郁的历史情怀

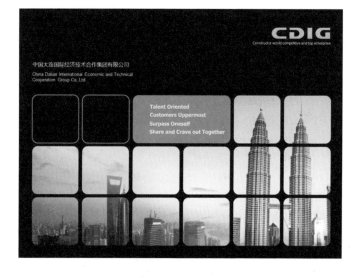

①
此案例选用符合企业合作关系的摄影图片，
通过整齐的圆角形状切割划一，视觉效果整
齐而又严谨

②
中外合资企业风格的 PPT 设计，以摄影图
片为主，这也是常见的企业较常选用的首页
形式

③
选用大面积的黑色，配以点睛的黄色，对比
强烈，而一黑一黄的配色为今年较流行的颜
色搭配

④
整体风格庄重大气，通过整齐地排列使人感
觉企业稳重可靠

①
此案例是具有美式潮流时尚风格的 PPT 设
计，具备时尚潮流元素，可以从第一眼就牢
牢抓住人的眼球

②
以人物肖像的夸张表情为主，极具动感，让
人感受到公司活泼、俏皮的轻松气氛

③
以粉色系为主，搭配黄色、白色、蓝色等对
比色，增强 PPT 时尚潮流的动感风潮

④
搭配规则性的图形与颜色，尽显时尚之风

2 网页的版式设计

这样的网页版式设计看上去舒服吗 before

① 此案例中，大标题不突出，这样会给人感觉主次不够分明，人们往往不能第一时间注意到主题

③ 搜索条有些小：这样整体看上去不是十分凸显，就弱化了其功能意义

② 次要部分和主体混淆：下边的次要部分和主图混淆在一起，边界浑浊

④ 主图的冲击力不强：主图和边界的白条影响到主图的冲击力

通过版式设计原理来个网页设计大变身 after

① 此案例设计者调整搜索条大小以突出其功能：放大搜索条的大小，可以强调搜索功能

③ 突出标题，符合视觉流程这样让人第一时间注意到其内容的主题，冲击力强，符合视觉流程

② 次要部分加上边框和主体作区分：次要部分加入边条或者放置在白色矩形框内，主次分明

④ 主图的冲击力不强：把主图边界和版式边界重合，以增强图片本身的魅力

设计师的网页版式设计小贴士

设计师彭女士对版式设计理论的理解和建议：

问：彭女士请问您对网页版式设计的原理是如何理解的?

彭：网页版式设计和传统平面印刷类版式设计有相似的地方，也有不同的地方。相似的地方是两个版式设计都遵循了基本的平面版式设计的原理要求，不管是在形式、构图还是配色上都比较接近，都要求符合版式设计视觉原理。网页版式设计又区别于传统版式设计，它需要在电脑端和智能设备端进行观看，因此在基础颜色设置上就有本质上的区别。而且网页设计最大的不同是需要与人们进行交互，在设计过程中，需要考虑到客户交互视觉，客户交互心理，站在客户的角度去考虑动态交互的感受。

问：那网页版式设计原理有哪些需要注意的地方呢?

彭：需要注意的地方有很多，如现在我们上网越来越方便，网速越来越快，所以在网页版式设计中应尽可能地追求简单的设计。现在整体设计流行的趋势就是极简化的设计，这种设计不仅让人在视觉上感觉非常简洁舒服，而且可以让人的心理得到很大程度的放松，同时益于信息的传达，可让人将注意力聚焦到画面主要的部分。此外，极简化的设计也可以让画面变得十分生动有趣，可以更好地进行人机交互视觉心理。我们现在在浏览很多网页的时候，会注意到很多颜色都是用简单的扁平化图形，看上去很有品质的摄影图片，再加上符合产品本身和不同行业属性定位舒适的配色，使整个网页看上去十分简洁，具有美感。

优秀的网页设计案例分析

1

此案例形式感较强，设计者用大小不一的圆形作为主要视觉元素，给人以强烈的视觉冲击

2

页面分区合理，结构清晰明了，主次分明

3

颜色选用比较时尚的对比色，给人耳目一新的时尚感，搭配图片给人留下深刻印象

1

此案例页面分区规整，结构合理，层次分明，给人简洁的印象

2

形式以摄影图片为主要元素，强调页面想要传达产品信息的目的

3

颜色以目前流行的中性色灰调为主，给人时尚感的同时增添了几分未来感和神秘感

4

整体页面版式设计层次分明，是以摄影图片为主的版式设计，符合视觉流程

<table>
<tr><td>①</td><td>②</td><td>③</td><td>④</td></tr>
<tr><td>此案例页面分区合理，主次结构明显，分区合理</td><td>重点突出，主题产品居中，产品的造型和特点突出</td><td>以产品本身的大红色为主要色系，给人耳目一新感，搭配白色作为点缀，冲击力强</td><td>整体层次清晰，整体感强，颜色和主体的搭配符合产品主题</td></tr>
</table>

<table>
<tr><td>①</td><td>②</td><td>③</td><td>④</td></tr>
<tr><td>此案例以卡通形象为主要元素，生动活泼，吸引年龄层设置合理</td><td>颜色选用以表现产品的科技感和趣味感为主，给人留下动感时尚结合科技的感觉</td><td>页面分区层次清晰，重点在上方分区，往下逐级层层减弱</td><td>整体页面版式主次结构分明，是以卡通形象为主要视觉元素来传达科技的感觉</td></tr>
</table>

3 UI 界面设计

| 这样的 UI 界面设计看上去舒服吗 before

(1) 此案例界面虽然有分区，但是重点不够突出，没有能够吸引消费者购买欲望的精彩部分

(3) 颜色以蓝色为主，虽然是可传达科技感的干净的颜色，但是整体平淡，视觉流程混乱

(2) 整体以商品图片为主，但是由于分区不明显，整体略显凌乱，上下结构模糊

(4) 整体页面版式主次不够分明，重点不突出，格局凌乱，不够吸引眼球

通过版式设计原理来个 UI 界面设计大变身 after

(1) 此案例界面分区合理，从上到下关系层层分明，每一层都很规范整齐

(3) 颜色以黄色和黑色为主，这两种颜色也是时下的流行搭配色，符合当下视觉潮流趋势

(2) 功能规划合理，区域结构清晰，符合单向视觉流程，让消费者明确知道其传达的意思

(4) 整体页面版式无论从颜色还是分区，都有明确功能，同时足够吸引消费者眼球

设计师的 UI 界面设计小贴士

设计师路先生对于版式设计理论的理解和建议：

问： 路先生，请问您如何理解 UI 界面设计的原理？

路： 首先我们应该知道 UI 界面到底是什么意思，其实说得直白一些， UI 界面的本意是用户界面，是英文 User 和 Interface 的缩写。用户界面设计是在人和机器的互动过程中最重要的一个方面。用户界面设计是屏幕产品的重要组成部分。界面大致可分为感觉（视觉、触觉、听觉等）和情感两个层次。界面设计是一个需要多方面专业知识的工作，认知心理学、设计学、语言学等在此都扮演着重要的角色。用户界面设计的三大原则是：置界面于用户的控制之下；减少用户的记忆负担；保持界面的一致性。用户界面从字面上看是用户与界面两个组成部分，但实际上还包括用户与界面之间的交互关系，所以可分为三个部分向，分别是用户研究、交互设计、界面设计。但不论如何，设计者应符合视觉流程，不要因为方向、形式或者载体的变化而忽略最基本的设计原理。

问：那您可以简单谈一谈 UI 界面与传统视觉设计的一些区别吗？

路：我想最大的区别应该是 UI 界面更加注重用户的心理研究。用户研究包含两个方面：一是可用性研究，研究如何提高产品的可用性，使得界面设计更容易被人接受、使用和记忆；二是通过可用性的研究，发掘用户的潜在需求，为技术创新提供另外一条思路和方法。用户研究是站在人文学科的角度来研究产品，研究用户的需要，站在用户的角度介入到产品的开发和设计中。对于设计师来说，就是研究如何使自己的页面设计与交互更受浏览者的欢迎。用户研究通过对于用户的使用环境、浏览习惯等研究，使得网站界面设计前期就能够把用户对于网站功能的期望、对设计和外观方面的要求融入网站的开发与设计中去。

优秀的 UI 界面设计案例分析

①

此案例一级界面干净整齐，符合其安静沉着的品质之感，信息摆放比例合适，图表信息清晰

②

二级界面主次结构分区合理，图表的大小和位置比例合理

③

图标设计统一和谐，整体感较强，整体色调统一性较好

①

此案例是系列主题界面设计，绿色和白色表现出宁静致远的祥和之感，颜色搭配清新雅致

②

图像以摄影图片为主，搭配矢量的扁平化图形，符合时下的设计潮流，简洁大方

③

整体感较好，色调统一，符合设计中的视觉流程

①

此案例的登录界面是虚化的图片，可有效暗示 APP 所包含的内容，指令位置摆放合适，整体简洁大方，符合时下界面简洁的设计潮流

②

主页界层次分明，读者可以一目了然看到内容，主页头像打破界面的限制，居中放在主要位置，整体清晰明了

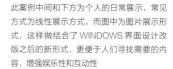

①

此案例界面是汽车的 UI 界面，APP 与界面均采用汽车为主题的元素，这样可以拉近使用者的距离，同时增强亲切度

②

整体色调以暗色为主，神秘感和科技感强，在关键处用黄色作为点缀，让使用者可以迅速找到想要的服务，提高了使用效率和视觉美感

①

此案例整体图标设计采用简洁的风格，与整体色调搭配和谐，给人纯洁至上的纯粹美感

②

界面采用高光格调，均以浅色系为主，这也是近年来比较流行的"无印良品"设计风潮，纯净的白色搭配一点颜色的点缀，可以突出干净、文艺的独特美感

①

此案例中间和下方为个人的日常展示，常见方式为线性展示方式，而图中为图片展示形式，这样做结合了 WINDOWS 界面设计改版之后的新形式，更便于人们寻找需要的内容，增强娱乐性和互动性

②

图中展示的是个人登录的主界面，上面为个人头像，这是时下最常用的设计形式，圆形的头像要比方形更为活泼灵动

③

此界面色彩五彩斑斓，让人在浏览过程中不会枯燥无味，增强了更多的趣味性

4 APP 图标设计

这样的 APP 图标设计看上去舒服吗 before

① 此案例是 APP 常见的摄像头功能设计，中规中矩，并没有什么鲜明的特色

② 颜色搭配以白色和紫色为主，符合常规的镜头类 APP 设计要求，但是艺术感较弱

③ 整体需要改进的是中间镜头的设计与颜色搭配，这样才能在众多摄影类图标设计中脱颖而出

通过版式设计原理来个 APP 图标设计大变身 after

① 更改后的此案例 APP 图标设计保留了原来浅色的底图，并且变得更浅一些，这是为了与新加入的两种颜色作为搭配，凸显其清新靓丽的特色

② 在镜头设计中加入亮丽的色彩，同时在左上角加入了一些相机的细节，为整体的图标设计增添了细节，同时依然维持了简洁的设计风格

设计师的 APP 图标设计小贴士

设计师郑女士对于版式设计理论的理解和建议：

问：郑女士是如何理解请问您 APP 图标设计原理的？

郑：现代人日常生活中已离不开智能手机了，所以 APP 设计十分重要，而 APP 图标就是 APP 的外衣，是给人的第一印象。在设计 APP 图标时要注意，一定要统一图标设计风格，图标设计在整个 APP 设计中是比重较大的板块之一，无论我们选择何种表现形式的，图标都请保持统一，相同模块采用一种风格的表现形式，如果是线性图标就保持一致的描边数值。图标在配色上面也要保持有规律的统一，采用相同颜色是比较常用的配色方式。如果采用不同色相的配色方式，要保证整体的配色协调，不要出现饱和度、明度反差过大的配色，从而影响整体视觉协调。这些在 APP 设计中都是十分重要的。

问：那您可以简单谈一谈 APP 图标设计上一些需要注意的地方吗？

郑：图标大小是比较重要的一点。简单来说，同一个界面出现多个图标时，我们需要保持整体的视觉平衡。并非所有图标都采用相同的尺寸就能达到平衡，由于图标的体量不同，相同尺寸下不同体量的图标视觉平衡也不相同。例如，相同尺寸的正方形会比圆形显得大。因此，我们需要根据图标的体量对其大小做出相应的调整。另外界面设计中细节的处理最容易被忽略，根据界面配色的不同，我们在分割线色彩的选择上也要做出相应调整。由于分割线的作用是区分上下信息层级和界面装饰，通常我们会选择浅色而非深色，使界面更加简洁通透。深色的分割线要慎用，除非在一些特定的产品场景下。

优秀的 APP 图标设计案例分析

① 此案例中的图标设计充满了童真，圆形统一的图标上边加入了趣味化的表达，像是一个小怪兽在 APP 的世界中恣意游走

② 颜色上并没有饱和度高的童真色调，而是以中灰色调为主，则增添了设计中的艺术感和品质感

① 此案例中的图形也用到了近年来的一些流行设计元素——线条式的设计形式，也就是用线条的走向图案作为主要设计形式，整体形式十分独特

② 图中的图标设计色彩搭配丰富，可以在第一时间用斑斓的色彩吸引到用户，给人留下时尚的感觉

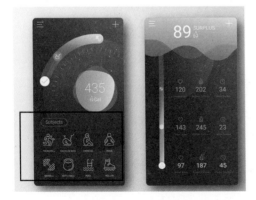

① 卡通形式的设计是近年来由于二次元文化兴起而产生的一种次时代设计形式，此案例中的图标设计采用的基本就是卡通形象的设计，生动风趣，造型活泼可人，可以引起年青一代的兴趣

② 在卡通造型的基础上，采用卡通风格的配色和形象，用拟人化的设计手段将图形设计得更加卡通化，并且加入了丰富的写实般细节，将高光和阴影这种写实手段加入图中的设计，使图形看来非常真实

① 此案例中的图标外形比较有特点，是拟物化设计的APP，设计比较精致，运用了丰富的光影来建构一个真实的场景功能

② 设计者对复古的元素做了一次较新颖的尝试，运用物体本身的复古元素，结合细致的色彩层次，既有简洁清新的特色，又具有复古怀旧的特征，是一次很有趣味的结合

① 此案例中的APP图标，设计采用的是立体几何化的图标设计，通常情况下圆角矩形采用较多，而图中结合本身产品的特质，进行立体化、几何化的物理式搭建，同时又没有给人复杂的感觉

② 设计者以红色系、绿色系和黑色系三种色系为主，整体感强，更少的色系会增添设计的艺术感，也会给用户留下深刻的特别印象

① 此案例中采用的是简洁的扁平化风格，符合时下最流行的设计趋势，同时加入了一点拟物化的元素，两者的结合给人微风拂面的自然感觉

② 在颜色选用上采用了饱和度较低的木质颜色，整体的设计十分具有日式特色，在满足欣赏美感的同时依然具有较高识别度

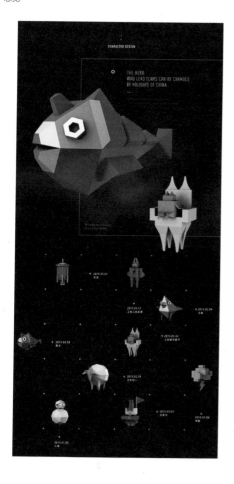

5 游戏界面的设计

这样的游戏界面设计看上去舒服吗 before

1

此案例中的游戏界面视野相对开阔，相关的游戏指令图标分散在界面的四周，但是整体相对较平淡，没有突出的设计，在信息化高速发展的现今，很难给用户留下记忆

2

图标的设计相对简单。在追求个性化的今天，更丰富的游戏界面元素与设计才能使其区别于其他同类型的游戏，在横向的比较下才可以凸显出本身独特的设计感

通过版式设计原理来个游戏界面设计大变身 after

1

经过改变后，此案例中的界面设计相对丰富了许多，保留了开阔的视野。图标的位置相对集中，这样实际操作更加方便，删去不必要的信息，只留下最有实用价值的元素

2

图标背景更为绚丽，给人紧张刺激的感觉，四周的信息量更加丰富，让用户可以更全面地掌握实时信息，更好地达到交互与交流的目的，通过不同色彩的变化，第一时间让用户感受到瞬息万变的游戏世界

设计师的游戏界面设计小贴士

设计师李先生对于版式设计理论的理解和建议：

问：李先生，请问您是如何理解游戏界面设计原理的？

李：我可以说，现在是手机游戏大爆炸的年代，身边大部分人一有空闲就会掏出手机来打游戏，并且乐此不疲。我想游戏之所以那么有吸引力，抛开心理层面不说，游戏的各种交互设计非常妙！游戏界面在设计上所涉及的层级较多，是综合了平面设计、视觉传达、设计心理学、游戏心理学、交互设计等一系列复杂的视觉活动。虽然是多学科的交叉行为，但还要遵循一些基本的规律。如，在设定游戏中的角色时，需要考虑他的性格、背景、服饰搭配、文化背景等。设定背景及性格时需要对人文历史有所了解，服饰搭配需要对时尚设计有所了解，人物的具体形态表现又和人体工程学

相联系，而最终结合在一起的角色设定还需要有扎实的绘画功底并且具备一定的想象力，所以一个简单的角色设定背后需要大量的相关知识作为支撑，想要设计出一个角色并且被大众喜欢其实不是一件容易的事情。

问：那您可以简单谈一谈游戏界面设计上的难点吗？

李：难点其实有很多，我先说一点，就是用户玩儿游戏时的操作手感。这个是不管玩儿什么样的游戏都要面临的问题，手感好不好，直接决定了你对这个游戏是支持还是放弃。而操作手感又相对感性，是从各种细节中体现出来的。你的手指移动距离是多少？操控方式是触碰一次、两次、还是滑动？向哪个方向滑？还是按着不动？你手指所按的区域大小多少合适？控件响应速度和灵敏度是否合适？触碰之后图标的改变等细节，这些都需要通过大量的实测来一点一点地修改。至于界面之间的整合与关联，这个要看功能设计需求。最好是先看看同类产品是怎么做的，分析和思考之后再决定自己的下一步。

优秀的游戏界面设计案例分析

①

下图展示的是游戏道具的界面，从中可以看出具有浓浓的成人向插画风，图标设计细腻，具有过目不忘的品质感

②

整体颜色为较常用的偏成人化的大地色系，加入一些亮丽的色彩，在保持游戏艺术品质的同时给人以神秘的感觉，让人想要一探神秘的游戏世界

①

下图中色彩斑斓的颜色可以看出游戏适合年龄段偏低的用户，色彩的设计比较成功

②

游戏界面将卡通形象与明快的颜色进行结合，形成不同形式黄金分割构图，目标明确

③

在视觉上借用摄影中的虚化，使画面具有了前中后的层次感，二维效果变为三维效果。

①

此案例的界面采用手绘的漫画形式，增添了 游戏
的趣味性与艺术感，让人看过之后流连忘返

②

颜色上选用大地色系作为主要色系，很好地表现
了游戏的艺术品位

③

很多游戏会在过场界面中加入游戏背景故事，精
益求精的画面给人一丝不苟的创作态度，让人心
生敬意，从而对游戏中展现的世界更为着迷

①

此案例中是游戏的登录界面，整体分区合理，四
周的游戏图标分布合理清晰，指令简单明确

②

图中比较有特色的是将日式浮世绘的艺术风格和
中国水墨风格做结合，借鉴不同文化背景的艺术
结合是游戏界面设计的一个发展趋势

③

整体色彩明快绚丽，角色表情夸张丰富，增强了
游戏的趣味感

① 此案例展示的是游戏进行中的画面，第一眼看上去会觉得整体色调偏暗。设计者通过蓝色光影来提亮画面，保持了画面的神秘感，可以时刻吸引用户的目光

② 画面中的操作按钮较少，更考验画面的绘制功力和实际的操作技巧，而人物形象设计幽默独特，艺术感十足，牢牢抓住了用户的视线

① 此案例为游戏的登录界面，设计者以异域的印第安文化图腾作为主要艺术形式，造型独特

② 设计者在深色的背景下，运用黄蓝对比色，为古朴的印第安文化增添了现代时尚的气息，简洁明了，同时保留了游戏界面的艺术感染力

① 此案例中的游戏界面是欧美游戏公司的设计风格，特点是注重细腻的拟物化图标，用特别细致的写实方法表现游戏中的元素

② 另一个特点是人物形象写实，即使都是幻想中的人物，但表现同样细腻，可以增强人物的真实感与艺术感

③ 整体界面设计布局合理，分区清晰，艺术感与使用感强

6 漫画的版式设计

漫画师的漫画版式设计原理小贴士

设计师张先生对于漫画版式设计理论的心得:

问:张先生,我们都知道很多设计都需要版式设计,但漫画也需要版式设计吗?

张:当然需要。一般来说版式设计编排是关于文字、图像、颜色的搭配组合。我们日常所看的漫画也都包含着文字、图像、颜色,要对这些元素进行搭配就需要版式设计。漫画的版式设计一般包括三种:漫画画面和版式设计结合来体现漫画的版式设计、运用漫画原理来体现漫画本身的版式设计、绘本或者插画画面同样也需要版式设计。

它们之间的区别是:第一种需要漫画和设计更好地结合搭配,后两种需要运用漫画相关专业知识,将漫画分格、镜头调度、人物对白、人物动态、后期效果等通过不同的角度设置和精心设计安排去表现漫画故事,传达背后的主旨。所以它们既有不同,又有相似之处,既可以互相影响,也可以相互借鉴。它们最终的结果基本是一致的,既要表达设计师、插画师、漫画师自身的意图,又要带给读者更好的阅读感受与视觉享受,在如今社会的漫画大环境下,有时候带给读者的享受会更重要一些。

问:那张先生能和我们大概讲讲漫画版式设计的一些需要注意的地方吗?

张:好的。刚才也说到了,漫画版式设计和传统设计既有不同,又有相似之处,既可以互相影响,也可以相互借鉴。这句话可以从最基本的图像、文字、颜色理解。漫画是图像的艺术,漫画的分格像是静态的动画或者静态的电影,通过一帧一帧的图像来传达作者的想法,所以每一个分格都可以看成是一次艺术创作,每一格都可以像拍摄一张照片一样去安排画面中的所有元素。一个人物在漫画中到底是大一些还是小一些?到底是应该放在中间的位置还是左右的位置?到底是画全身还是半身?是画平视的角度、俯视的角度还是仰视的角度?是从正面去刻画还是从侧面或者背面刻画?分格之间需要加入一些空镜头吗?上一格和下一格用什么镜头衔接?人物的对白放在什么位置更合适?如何通过人物、对白、特效字、后期效果等的组合来让故事更好地开展进行下去?如何设置格与格、页面与页面之间的疏密来让读者更好地体会到精彩的剧情?如何设定肤色、服饰、环境等才能更好地体现故事的精神?这些问题看似不好回答,但每一个问题背后所指向的源头其实都是开始所说的图像、文字、颜色这三个基本元素的组合。此外,还应结合动画影视的镜头原理和运动规律以更好地进行漫画创作。

漫画版式设计的原理讲解

（1）为什么要讲解漫画的版式设计

如今中国漫画市场如火如荼，百亿的市值，百万的从业人员，不管是人力还是财力，都在逐年形成井喷式发展。很多热门影视剧都是从原创漫画开始形成一条影视及衍生品等的产业链，形成家喻户晓的知名IP品牌。但是抛开那些红火的数据，现阶段优质漫画内容仍较为稀缺，对此，北京市社科院文化研究中心副主任沈望舒认为，优质内容是文化产业发展的核心，优质的内容作品才能推动产业实现良性发展，激发更大的内容价值。下图中我们不难看出，虽然行业整体的整体产值保持高速发展，但是由于受到内容所限，其增长率从开始的高速增长到今年的趋于平稳发展。

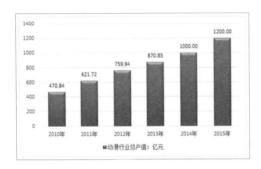

而优质内容不能仅仅是说说而已，是漫画内容究竟够不够精彩，够不够吸引读者，是否形成后续开发的产业链，都要从漫画本身质量说起。现在的很多国产原创漫画或多或少都存在着以下一些问题：空间透视不够准确，对于三维空间和多点透视的掌握比较肤浅，对于人物透视和场景透视的绘制不够准确，而这些说明了作者的基本功和观察能力相对较弱。

分镜的镜头感和连贯性节奏感较弱。很多同学不太会故事的分镜，对于剧本转化到实际画面上的分镜掌握度不好，要么节奏上有问题，要么分镜表达不够好，要么镜头中各种元素的安排不够妥当。

上色效果不理想。明暗关系混乱，色彩构成感较弱，偏商业色稿不够通透，偏参赛的色稿不够个性，最后给人脏乱的印象；故事整体剧情发展不流畅。读者阅读起来提不起精神或者阅之无味，让人不想持续观看。

后期效果处理草率。如速度线的表达形式过于生硬，对话框及字体的摆放位置混乱，黑白漫的网点设置形同虚设等。

以上所说的只是几个漫画版式设计问题，而在实际观看漫画中还有更多问题。而这些问题在画面上的直观表是最后画出来的漫画不管人物还是背景都看上去别扭不舒服，既不能表达创作者想要传递的世界观和价值观，又会让读者观看之后无法留下深刻印象，最终导致上线点击率不够理想，读者接受度不高，而本来有着很好创意出发点的故事最终因为画面故事甚至颜色等问题无法很好地讲述。

（2）漫画版式设计大拆解

在日常看到的漫画与文字结合的版式设计其实更多是在平面设计的版式设计里，在这里我们所讲的漫画版式设计是指在漫画的分格中如何安排画面中的不同元素以达到视觉上的美感，以及在页面之间如何安排不同的分格以达到视觉上的享受。我们可以从这两个方面去做漫画版式设计的分析。

漫画里的分镜也叫分格，在漫画分镜中分格的平衡感是漫画画面的基本构成，怎么去设置画格，怎么去构图，如何在漫画分格中寻找一种视觉的平衡感都值得思考画面中最基本的平衡就是"对角平衡"和"左右平衡"。

对角平衡

对角平衡就是开页面的对角，画格的大小，或者是画格构成的空间感相似。根据画格的大小，营造了一种相似的空间感，达到对角的平衡。圆形部分，根据画格的密度，数量，营造出了相似的空间感，达到了对角的平衡。

左右平衡

左右平衡可不是轴对称。它是左右的画格的分割方式和对比度完全不同，造成太极一样的阴阳调和的对称。如 5-51 左图中的页面，左侧的画格是

竖格，右侧是横格，达到了分割方式上的左右对称。右图的开页，左侧画格又小又密，色调较深，右侧格子较大，整体发白，达到了对比度上的左右平衡。

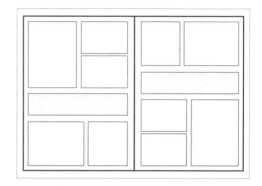

● 上图是一个由多个分格构成的左右平衡分格画面，横纵分割左右平衡

● 上图是一个有大画格构成的分格画面，在同一场景背景下，创作者通过右上方和左下角的人物，以及左上角和右下角的物体，互相对应，达到了对角的平衡

（3）根据漫画类型选择合适的边框、距离与位置

不同类型的漫画其分格的边框粗细也是不同的，这是为了照顾不同的读者而做出的漫画细节分类，根据不同受众和形式可以大致分为以下几类：

少年类漫画，青年类漫画：少年漫画的线条一般比较粗犷，画面也比较复杂，所以要以比较宽的距离来区格，框线也要用比较粗的线条来规范。如右图左右间隔约 0.3cm，上下间隔约 0.5~0.8cm，边框线粗细约为 1mm，如图 5-53。

少女类漫画：一般完稿线条都会比较纤细，这时就不宜用过大的距离跟较粗的线条来规划，宜用比较窄的距离跟细的框线来规范。如左上图左右间隔约 0.3cm，上下间隔约 0.5cm，边框线粗细约为 0.8~1mm，如涂 5-54。

英雄类漫画：欧美漫画的边框比较自由，会根据剧情来进行不同粗细的设定，同一部漫画也可能出现不同的宽度和样式，如左下图，边框线粗细范围为 0.5mm~1.5mm。

条漫：如下图根据漫画内容进行粗细调整，或者是无边框的敞开式画面。

独立艺术漫画：根据作者的艺术要求来设置不同风格和类型的边框。

（4）漫画对话框的分类与顺序

因为有左右和右左两种不同阅读习惯的漫画，所以对话框的位置一定要符合这样的阅读习惯，同时还要从上往下，不能因为对话框位置的错位而导致观看顺序发生变化，影响阅读体验。

对白： 形状以圆形居多，对白的对话框要在合适位置放置一个小箭头指向说话人；非当前角色的对白要在圆形里加入内凹的小箭头；

独白： 独白一个大圈带着几个小圈，从大到小，指向独白的人物，如图5-62。

激烈情绪： 一般用放射性的爆炸形状对话框来表现人物波折起伏的情绪，如左下图。

画外旁白： 可以单独精心设置一些简洁同时达到观看效果的特殊形状对话框，例如：卷轴，矩形等。如右下图就运用了卷轴这种性式作为画外旁白的对话框。

客观因素： 如电视，电话，广播，电脑等不同媒介可以用一些多边形的形状，偶尔配有一些短线不规律的来打破对话框。图5-65的不规则双线多边形就是电话和视频中的对话框。

（5）漫画文字的选用讲解

字号： 不能影响读者观看习惯，以普通说话为基准，常用8~14号字体，而表达激烈情绪时字号可以放大，加粗。 字不能拉宽或者拉伸，最好保持在宽和高100%的标准字为准，但是特效字的字体和字号是可以做，渐变、加粗等处理。

字体： 每一种语言要保持统一的字体，如普通说话，激昂情绪，内心独白，画外介绍，媒介语言等最好保持一致的字体。虽然通常来讲可以有一些字体的特殊变化，但是字体常用黑体、宋体、圆体、楷体、隶体居多、奇怪的字体最好不要选用，一切以读者的视觉习惯为第一要求。

● 以上案例在正常对话中是用的是黑体，在表达一般激烈情绪的时候使用的是粗黑体，而在表达十分激烈的情绪时采用的是加粗、加大的黑体，而在
内心独白时使用得是楷体，在漫画页面中会经常使用到不同的字体、字号，这可使读者在阅读时更容易理解漫画中的剧情与人物之间的情感

（6）身临其境的特效字

泛指除了对白以外的背景特效字体。特效字常用来表现和声响有关的环境，如风雨雷电等自然音效，速度力量等物理音效，物体掉落眼泪摩擦等人为音效，还有一些如"瞪""指""闪"等具有明确意义的特殊效果。

可以用一些明显区别于对白的字体大小，字体可以拉伸，扭曲，有一些情况甚至可以放得很大，但不能影响故事中人物的动作和画面整体的平衡感。

● 此案例中，特效字体一般会出现在动态的动作之上，如图中的打斗动作、翻滚动作、击拳动作等，都加入了特效字的使用。特效字不一定局限于黑体、宋体这样正常对白的字体，更多采用的是将彼此碰撞的动作作为一种艺术变形、夸张的字体直接，但是同时又不能对读者的阅读产生不良影响，而应该帮助读者更好地理解画面中的剧情发展

优秀漫画版式设计欣赏

● 此案例中创作者将人物放在黄金分割线的位置上，通过连续性的曲线分格构图和背景图构成了一张非常震撼的漫画版式，再配色上采用红蓝对比色系，突出画面的科技感

● 此案例中创作者采用了很多类似电影分镜的分格画面，通过空景、特写、中景、特写、远景等远近结合的镜头，将画面中紧张的气氛传达出来

● 此图的画面采取了大场景与人物特写进行结合的漫画版式画面，在右边大场景中加入震撼性的透视镜头，采用了仰视的机位，来传达对峙中的紧迫感觉

● 此图中，创作者通过不规则的分镜将漫画分割成了很多不同大小的画面，主要人物被放置在画面的中心，通过周围景物的特写及大场景的组合构成和谐震撼的动感画面

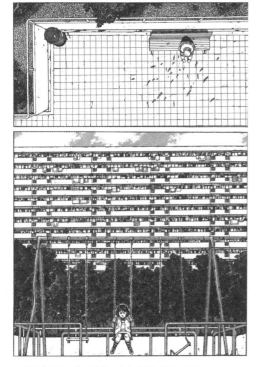

● 此图的画面安详沉静，创作者通过黄蓝色系对比色及特写镜头将黑夜中人物的行动与状态表现无遗，同时在右页中间的主要画面中，将人物的状态与人物目光所看到的景物联系到一起，形成一个统一的整体

● 此图的画面可以看出漫画作者非常好的摄影功底，通过两幅图中一个俯视镜头和一个平视的镜头的构图，同时将人物安放在黄金分割点上，深沉地表达了画面中人物的孤独感

图书在版编目（CIP）数据

解读版式设计的全能黄金法则 / 富正一，张濛濛主编；董健，杨娜编著
. -- 北京：中国青年出版社，2019.11
ISBN 978-7-5153-5773-7

I. ①解… II. ①富… ②张… ③董… ④杨… III. ①版式-设计 IV. ①TS881

中国版本图书馆CIP数据核字（2019）第264818号

解读版式设计的全能黄金法则

富正一　张濛濛 / 主编
董　健　杨　娜 / 编著

出版发行：中国青年出版社
地　　址：北京市东四十二条21号
邮政编码：100708
电　　话：（010）50856188 / 50856189
传　　真：（010）50856111
企　　划：北京中青雄狮数码传媒科技有限公司

责任编辑：张　军
策划编辑：杨佩云
封面设计：乌　兰

印　　刷：北京利丰雅高长城印刷有限公司
开　　本：710×1000　1/16
印　　张：8
版　　次：2020年4月北京第1版
印　　次：2020年4月第1次印刷
书　　号：ISBN 978-7-5153-5773-7
定　　价：59.80元

本书如有印装质量等问题，请与本社联系
电话：（010）50856188 / 50856189
读者来信：reader@cypmedia.com
如有其他问题请访问我们的网站：www.cypmedia.com